Andreas Nuber

ARPES-Untersuchung von zweidimensionalen elektronischen Zuständen

Andreas Nuber

ARPES-Untersuchung von zweidimensionalen elektronischen Zuständen

Intrinsische und extrinsische Einflüsse auf zweidimensionale elektronische Zustände

Südwestdeutscher Verlag für Hochschulschriften

Impressum/Imprint (nur für Deutschland/only for Germany)
Bibliografische Information der Deutschen Nationalbibliothek: Die Deutsche Nationalbibliothek verzeichnet diese Publikation in der Deutschen Nationalbibliografie; detaillierte bibliografische Daten sind im Internet über http://dnb.d-nb.de abrufbar.
Alle in diesem Buch genannten Marken und Produktnamen unterliegen warenzeichen-, marken- oder patentrechtlichem Schutz bzw. sind Warenzeichen oder eingetragene Warenzeichen der jeweiligen Inhaber. Die Wiedergabe von Marken, Produktnamen, Gebrauchsnamen, Handelsnamen, Warenbezeichnungen u.s.w. in diesem Werk berechtigt auch ohne besondere Kennzeichnung nicht zu der Annahme, dass solche Namen im Sinne der Warenzeichen- und Markenschutzgesetzgebung als frei zu betrachten wären und daher von jedermann benutzt werden dürften.

Coverbild: www.ingimage.com

Verlag: Südwestdeutscher Verlag für Hochschulschriften GmbH & Co. KG
Heinrich-Böcking-Str. 6-8, 66121 Saarbrücken, Deutschland
Telefon +49 681 37 20 271-1, Telefax +49 681 37 20 271-0
Email: info@svh-verlag.de

Zugl.: Würzburg, Uni Wü, Diss., 2007

Herstellung in Deutschland:
Schaltungsdienst Lange o.H.G., Berlin
Books on Demand GmbH, Norderstedt
Reha GmbH, Saarbrücken
Amazon Distribution GmbH, Leipzig
ISBN: 978-3-8381-3199-3

Imprint (only for USA, GB)
Bibliographic information published by the Deutsche Nationalbibliothek: The Deutsche Nationalbibliothek lists this publication in the Deutsche Nationalbibliografie; detailed bibliographic data are available in the Internet at http://dnb.d-nb.de.
Any brand names and product names mentioned in this book are subject to trademark, brand or patent protection and are trademarks or registered trademarks of their respective holders. The use of brand names, product names, common names, trade names, product descriptions etc. even without a particular marking in this works is in no way to be construed to mean that such names may be regarded as unrestricted in respect of trademark and brand protection legislation and could thus be used by anyone.

Cover image: www.ingimage.com

Publisher: Südwestdeutscher Verlag für Hochschulschriften GmbH & Co. KG
Heinrich-Böcking-Str. 6-8, 66121 Saarbrücken, Germany
Phone +49 681 37 20 271-1, Fax +49 681 37 20 271-0
Email: info@svh-verlag.de

Printed in the U.S.A.
Printed in the U.K. by (see last page)
ISBN: 978-3-8381-3199-3

Copyright © 2012 by the author and Südwestdeutscher Verlag für Hochschulschriften GmbH & Co. KG and licensors
All rights reserved. Saarbrücken 2012

Intrinsische und extrinsische Einflüsse auf zweidimensionale elektronische Zustände

Dissertation
zur Erlangung des naturwissenschaftlichen Doktorgrades der
Julius-Maximilians-Universität Würzburg

vorgelegt von

Andreas Nuber
aus Weingarten

Würzburg 2011

Eingereicht am: 20.07.2011
bei der Fakultät für Physik und Astronomie

Gutachter der Dissertation:
Prof. Dr. Friedrich Th. Reinert
Priv.-Doz. Jörg Schäfer

Prüfer im Promotionskolloquium:
Prof. Dr. Friedrich Th. Reinert
Priv.-Doz. Dr. Jörg Schäfer
Prof. Dr. Werner Porod

Tag des Promotionskolloquiums: 17.11.2011

Inhaltsverzeichnis

1	**Einleitung**	**9**
2	**Experimentelle Technik**	**13**
2.1	Photoelektronenspektroskopie	13
	2.1.1 Einteilchen-Bandstruktur	15
	2.1.2 Einfluss durch Vielteilchenwechselwirkung	17
	2.1.3 Kinematische Effekte	18
2.2	Experimenteller Aufbau	19
	2.2.1 APRES-Spektrometer	19
	2.2.2 Energieauflösung des Spektrometers	21
3	**Elektronische Struktur von Grenzschichten**	**25**
3.1	Elektronische Zustände an Oberflächen	26
	3.1.1 Oberflächenpotenzial	26
	3.1.2 Austrittsarbeit	26
	3.1.3 Oberflächenzustände	29
	3.1.4 Tamm-Zustände	30
	3.1.5 Shockley-Zustände	31
3.2	Elektronische Zustände in dünnen Schichten	33
	3.2.1 Phasenakkumulationsmodell	33
3.3	Spin-Bahn Wechselwirkung	37
3.4	Magnetismus	39

	3.4.1 Magnetismus an Oberflächen	41
3.5	Struktur von Oberflächen	43
3.6	Dichtefunktionaltheorie	43
3.7	Der KKR Formalismus	46

4 Shockley-Zustand der Au(110)-Oberfläche   49

4.1	Einleitung	49
4.2	Experimentelle Details	51
4.3	Elektronische Struktur von Au(110)	52
4.4	LDA-slab-layer-Rechnungen	56
4.5	Modifikationen durch Adsorbate	59
4.6	Zusammenfassung	66

5 QWS in Fe/W(110)   69

5.1	Einleitung	69
5.2	Probenpräparation und Charakterisierung	71
5.3	Linienbreitenanalyse	75
5.4	Anisotropie der Dispersion	79
5.5	$k_\perp$-Bestimmung mit dem Phasenakkumulationsmodell	82
5.6	Zusammenfassung	86

6 Austausch- und SO-Wechselwirkung in Ni-Systemen   89

6.1	Einleitung	89
6.2	Austausch- und Spin-Bahn-Wechselwirkung	90
6.3	Au/Ni(111)	92
	6.3.1 Probenpräparation und Charakterisierung	92
	6.3.2 Vergleich ARPES-Messung und Rechnung	95
	6.3.3 Zusammenfassung	101
6.4	Ni/W(110)	103
	6.4.1 Probenpräparation und Charakterisierung	103
	6.4.2 Dispersion der QWS im Ni-Film	107
	6.4.3 Diskussion	112
	6.4.4 Zusammenfassung	117

Inhaltsverzeichnis

7 Fazit   **119**
- 7.1 Abschließende Diskussion 119
- 7.2 Zusammenfassung 121
- 7.3 Summary (English version) 122

A Anhang   **125**
- A.1 3D-Fit von ARPES-Daten 125
  - A.1.1 Einleitung 125
  - A.1.2 Modell 126
  - A.1.3 Anpassung an ARPES-Daten 129
  - A.1.4 Fazit 135
- A.2 Fe/W(110) 136
- A.3 Ni/W(110) 137

Literaturverzeichnis   **139**

Publikationsliste   **155**

Kapitel 1

EINLEITUNG

Effekte, verursacht durch die verringerte Dimensionalität von Strukturen auf deren elektronische Eigenschaften, spielen in immer mehr technischen Anwendungen eine große Rolle. Durch die fortschreitende Miniaturisierung von, vor allem elektronischen Bauteilen, wird die eigenschaftsbestimmende elektronische Struktur durch das steigende Verhältnis von Grenzflächen- zu Volumenatomen immer mehr von Grenzflächeneigenschaften bestimmt. Des weiteren spielen quantenmechanische Effekte mit kleinerer Dimensionierung ebenfalls eine wachsende Rolle. Die dabei auftretenden Auswirkungen auf die elektronische Struktur stellen nicht notwendigerweise unerwünschte Störungen dar, sondern eröffnen vielmehr eine Reihe zusätzlicher Möglichkeiten, die elektronischen Eigenschaften zu kontrollieren und zu beeinflussen. So findet der in ferromagnetischen Multischichtsystemen auftretende Riesenmagnetowiderstand [1, 2] in Leseköpfen moderner Massenspeichermedien eine technische Anwendung. Eine weitere mögliche Anwendung nutzt die Auswirkung der gebrochenen Inversionssymmetrie an Grenzflächen bzw. in zweidimensionalen Systemen. Die durch die Spin-Bahn-Wechselwirkung induzierte Rashba-Aufspaltung von Grenzflächen- bzw. Quantentrogzuständen (QWS) kann in Spin-Feldeffekttransistoren nach Datta und Das [3] dazu genutzt werden, die Spineigenschaft des Elektrons als Informationsgrundlage in spinbasierter Elektronik (*Spintronic*) zu nutzen.

Ein Verständnis der grundlegenden Eigenschaften niedrigdimensionaler elektronischer Zustände ist damit von großem Interesse. Ebenso wichtig ist das Verständnis der Auswirkungen verschiedener Einflussfaktoren, welche diese Eigenschaften bestimmen und verändern. Es kann sich dabei um intrinsische, materialbedingte Faktoren wie Elektron-Elektron-, Elektron-Phonon-, Spin-Bahn- und Austausch-Wechselwirkung handeln. Jedoch können auch extrinsische Einflüsse wie die Morphologie der Grenzflächen, Verunreinigungen oder substratinduzierte Wechselwirkungen zum Teil große Veränderungen hervorrufen.

Die Energieskalen, auf denen sich diese Einflüsse auswirken, reichen von eV bis meV, wodurch hohe Anforderungen an die Untersuchungsmethoden gestellt werden. Durch die hohe Oberflächensensitivität und die Möglichkeit, die elektronische Struktur direkt zu messen, stellt die winkelaufgelöste Photoelektronenspektroskopie (ARPES) eine ideale Methode dar, niedrigdimensionale elektronische Systeme zu untersuchen. Aktuelle Analysatoren erreichen dabei Energieauflösungen im meV- und Winkelauflösungen im $0.1°$-Bereich bei gleichzeitig kurzen Messzeiten durch Paralleldetektion. Dies ist speziell für die empfindlichen, schnell alternden Grenzflächenzustände ein wichtiges Kriterium.

Diese Arbeit widmet sich der winkelaufgelösten Photoelektronenspektroskopie an zweidimensionalen elektronischen Zuständen im Hinblick auf intrinsische und extrinsische Einflüsse und deren Auswirkungen auf diese. Als Modellsysteme werden dabei sowohl Grenzflächenzustände von Au-Oberflächen in (111)- und (110)-Orientierung, als auch QWS in dünnen Filmen aus Fe und Ni auf W(110)-Substraten untersucht. Die gezielt veränderten Einflussfaktoren reichen dabei von Oberflächenrekonstruktionen über verschiedene Adsorbate zu intrinsischen sowie induzierten magnetischen- und Spin-Bahn-Wechselwirkungen.

In der vorliegenden Arbeit folgt einer Einführung in die experimentelle Technik der ARPES eine Zusammenfassung der theoretischen Grundlagen der elektronischen Struktur niedrigdimensionaler Systeme sowie verschiedener Einflussfaktoren und Berechnungsansätze. In den anschließenden Kapiteln werden anhand der verschiedenen Materialsysteme unterschiedliche Einflussfaktoren genauer untersucht und diskutiert, wobei jedes dieser Kapitel eine kurze Einleitung, eine Beschreibung der Probenpräparation und Charakterisierung, eine Vorstellung und Diskussion der experimentellen Ergebnisse sowie eine abschließende kurze Zusammenfassung enthält. Im einzelnen werden in Kapitel 4 der Oberflächenzustand von Au(110) und die Auswirkungen der (2×1)-Oberflächenrekonstruktion auf diesen behandelt, wozu auch die Adsorbate Na, Ag und Au zur gezielten Beeinflussung eingesetzt werden. Im Laufe des Kapitels 5 wird der Ursprung einer starken Anisotropie von QWS dünner Fe-Filme auf W(110) geklärt sowie mit Hilfe einer Linienbreitenanalyse die Elektron-Phonon-Kopplungsparameter der QWS wie auch der $k_\perp$-Verlauf der Dispersion des den QWS zugrunde liegenden Bandes bestimmt. Das Kapitel 6 ist zweigeteilt und behandelt ferromagnetische Ni-Systeme. Im ersten Teil wird die Auswirkung der durch das Ni(111)-Substrat induzierten Austausch-Wechselwirkung in dünnen Au-Filmen auf den Rashba-aufgespaltenen Oberflächenzustand des Systems diskutiert. Der zweite Teil behandelt das umgekehrte Szenario einer durch das W(110)-Substrat induzierten Rashba-Aufspaltung in dünnen magnetisierten Ni-Filmen mit den damit verbundenen Wechselwirkungen. Der letzte Abschnitt enthält eine abschließende Diskussion mit einer Zusammenfassung der im Zuge dieser Arbeit gefundenen Zusammenhänge.

Im Anhang sind zudem weitere ergänzende Abbildungen sowie die Vorstellung und Diskussion einer Fitroutine zur vollständigen Beschreibung zweidimensionaler ARPES-Datensätze am Beispiel des Oberflächenzustandes von Cu(111) zu finden.

Kapitel 2

EXPERIMENTELLE TECHNIK

2.1 Photoelektronenspektroskopie

Die wichtigste experimentelle Technik dieser Arbeit ist die (winkelaufgelöste) Photoelektronenspektroskopie (PES) mit einer He-Gasentladungslampe als UV-Lichtquelle. Die ersten dokumentierten Versuche zur Photoelektronenspektroskopie wurden ebenfalls mit ultravioletter Strahlung durchgeführt und untersuchten deren Einfluss auf elektrisch geladene Körper, welche 1887 von Hertz [4] und 1888 von Hallwachs [5] veröffentlicht wurden. Erklärt wurde der beobachtete Effekt jedoch erst von Einstein im Jahr 1905 [6] durch die Annahme von Lichtquanten. Wenn die Energie eines auf die Oberfläche treffenden Photons $h\nu$ die Summe der Bindungsenergie E_B und der Austrittsarbeit ϕ übersteigt, wird ein Photoelektron mit der kinetischen Energie E_{kin} aus der Oberfläche ausgelöst.

$$h\nu = E_{kin} + |E_B| + \phi \qquad (2.1)$$

Für den Photostrom $\mathcal{I}$ ergibt sich unter der Annahme, dass das emittierte Photoelektron nicht mit dem Restsystem wechselwirkt (*sudden approximation*)

$$\mathcal{I} \propto \sum_{s,i} \underbrace{|\langle\Phi_f|\Delta|\Phi_i\rangle|^2}_{\text{Matrixelemente}} \underbrace{|\langle\Psi_{f,s}(N-1)|\Psi_i(N-1)\rangle|^2}_{\text{Spektralfunktion}}$$
$$\times \underbrace{\delta(E_f - E_i - h\nu)\delta(\vec{k}_f - \vec{k}_i - \vec{G})}_{\text{Energie-/Impulserhaltung}}. \qquad (2.2)$$

Der Photostrom besteht dabei aus mehreren Faktoren. Der erste beschreibt die Übergangswahrscheinlichkeit eines Elektrons vom Anfangszustand $|\Phi_i\rangle$ in den Endzustand $|\Phi_f\rangle$ unter Einfuss des Dipoloperators Δ und wird üblicherweise als konstant angenommen [7]. Der zweite Faktor, die Spektralfunktion, gibt die Wahrscheinlichkeit an, mit der ein Elektron mit Energie E und Wellenvektor $\vec{k}$ von einem System entfernt werden kann und das Restsystem mit ($N-1$) Elektronen in einen der s Endzustände übergeht. Er beinhaltet sowohl die energie- und impulsabhängige Bandstruktur als auch Vielteilcheneffekte im Festkörper, was einen direkten experimentellen Zugang zur elektronischen Struktur ermöglicht. Die restlichen Faktoren berücksichtigen die Energie- und Impulserhaltung.

Obwohl der Dipoloperator Δ in den Übergangsmatrixelementen nur auf die Ortskomponente der Wellenfunktion $|\Phi\rangle$ wirkt, kann es durch die Verknüpfung der Spinkomponenten eines Zustandes mit Ortskomponenten von jeweils unterschiedlicher Symmetrie zu einem spinpolarisierten Photostrom kommen. Dieser Effekt wird bei der Untersuchung von magnetischen Systemen oder Systemen mit Spin-Bahn-Wechselwirkung ausgenutzt [8]. Dabei ist die Geometrie des Versuchsaufbaus sowie die Polarisation des anregenden Lichtes von entscheidender Bedeutung.

Moderne Elektronenanalysatoren erreichen für die Bestimmung der kinetischen Energie der Photoelektronen Auflösungen im meV-Bereich und für die Detektion des Austrittswinkels in der Größenordnung von $0.1°$. Damit stellt die winkelaufgelöste Photoelektronenspektroskopie (**a**ngle **r**esolved **p**hoto**e**lectron **s**pectroscopy – ARPES) bis heute die direkteste Methode dar, die elektronische Struktur zu untersuchen. Je nach Energie der anregenden Photonen wird zwischen UPS (**u**ltraviolet **p**hoto**e**lectron **s**pectroscopy) für $h\nu <$ 100 eV und XPS (**X**-ray **p**hoto**e**lectron **s**pectroscopy) unterschieden.

Da die Austrittstiefe der Photoelektronen nur wenige Monolagen beträgt, ist diese Methode sehr oberflächensensitiv und damit optimal zur Untersuchung zweidimensionaler Systeme geeignet. Für die Untersuchung der Volumeneigenschaften dreidimensionaler Systeme kann dies, durch die Betonung oberflächenspezifischer Effekte, jedoch problematisch sein.

Die folgenden Abschnitte beleuchten die Spektralfunktion genauer, da diese grundlegend für die Interpretation und das Verständnis der hier vorgestellten experimentellen Photoemissionsdaten ist. Für eine ausführliche Beschreibung der Theorie der Photoemission empfielt sich jedoch weiterführende Literatur [7, 9, 10, 11].

2.1.1 Einteilchen-Bandstruktur

Die Entwicklung des beim Photoemissionsprozess entstandenen Photolochs wird durch die Einteilchen-Green-Funktion G beschrieben, welche mit der Spektralfunktion $\mathcal{A}(\vec{k}, E)$, dem zweite Faktor in Gleichung (2.2), verknüpft ist

$$\mathcal{A}(\vec{k}, E) = -\frac{1}{\pi} \operatorname{Im} G(\vec{k}, E). \quad (2.3)$$

In einem wechselwirkungsfreien System hat die ungestörte Greensche Funktion die Form

$$G_0(\vec{k}, E) = \frac{1}{E - \epsilon_{\vec{k}} - i\delta}, \quad (2.4)$$

was zu einer Deltafunktion für die Spektralfunktion bei allen $\epsilon_{\vec{k}}$ führt und der Einteilchenbandstruktur des Festkörpers

$$\mathcal{A}_0(\vec{k}, E) = \frac{1}{\pi} \delta(E - \epsilon_{\vec{k}}) \quad (2.5)$$

entspricht. Bei einer Messung der Dispersion mit Hilfe der winkelaufgelösten Photoelektronenspektroskopie muss beachtet werden, dass nur die $\vec{k}$-Komponente parallel zur Oberfläche $k_\parallel$ erhalten bleibt. Die Senkrechtkomponente $k_\perp$ hingegen ist aufgrund der gebrochenen Translationsinvarianz an der Kristalloberfläche keine Erhaltungsgröße und muss mit einem passenden Modell für den Photoemissendzustand bestimmt werden. Die Annahme des Photoelektrons als freies Elektron hat sich dabei bewährt [7]. Für die Komponenten des Wellenvektors ergibt sich

$$k_\parallel = \sqrt{\frac{2m}{\hbar^2}} \sqrt{E_{kin}} \sin\Theta \quad (2.6)$$

$$k_\perp = \sqrt{\frac{2m}{\hbar^2}} \sqrt{E_{kin} \cos^2\Theta + V_0}. \quad (2.7)$$

Dabei steht m für die Masse eines freien Elektrons, Θ, V_0 und E_{kin} für den Austrittswinkel, das innere Potenzial und die kinetische Energie des Photoelektrons. V_0 ist ein Parameter, der entweder durch Rechnungen oder geeignete Experimente bestimmt werden muss.

Ein zweidimensionaler Datensatz, aufgenommen bei konstanter Anregungsenergie und definierter kinetischer Energie der Photoelektronen (ESM → energy surface map), entspricht im $\vec{k}$-Raum einer gekrümmten Fläche, wie aus den Gleichungen (2.6) und (2.7) ersichtlich ist. Abbildung 2.1 zeigt schematisch die Umrechnung einer ESM vom Winkel- in den $\vec{k}$-Raum. Die dafür

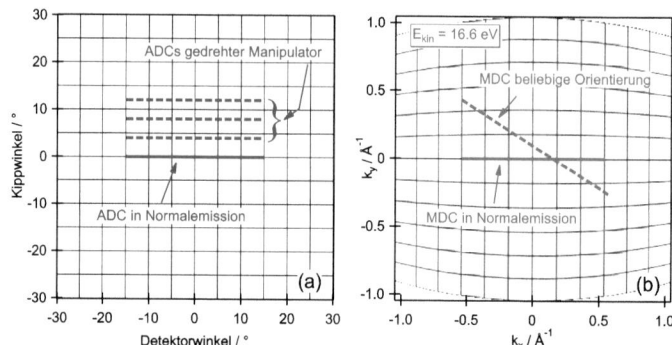

Abbildung 2.1: Beispielhafte Umrechnung eines winkelaufgelösten ARPES-Datensatzes mit konstanter Energie (energy surfaces map ESM) (a) in den $\vec{k}$-Raum (b), am Beispiel eines Rechteckmusters. Für die Umrechnung wurde eine kinetische Energie der Photoelektronen von E_{kin} = 16.6 eV angenommen, was ungefähr der Fermienergie bei einer Anregung mit Photonen der He I$_\alpha$ Linie (21.2 eV) entspricht. (nach [12])

verwendete kinetische Energie der Photoelektronen von E_{kin} = 16.6 eV entspricht in etwa der Fermienergie bei einer Anregung mit Licht der He I$_\alpha$-Linie (21.2 eV). Bei der hier umgerechneten ESM handelt es sich somit um eine Fermifläche (FSM). Experimentell entsteht eine ESM aus vielen parallel nebeneinander angeordneten ADCs (**a**ngular **d**istribution **c**urve). Schnitte durch die in den $\vec{k}$-Raum konvertierte ESM werden MDCs (**m**omentum **d**istribution **c**urve) genannt. Aus mehreren zusammengefügten ESM bei verschiedenen kinetischen Energien entsteht ein dreidimensionaler Datensatz $\mathcal{I}(k_x, k_y, E)$. Als Beispiel ist in Abbildung 2.2 ein mit He I$_\alpha$ gemessener Datensatz einer sauberen W(110) Probe gezeigt. Schnitte durch dieses Datenvolumen ermöglichen es, die elektronische Struktur in jede beliebige Richtung zu untersuchen.

Um einen geraden Pfad im dreidimensionalen $\vec{k}$-Raum verfolgen zu können, z.B. für Messungen entlang einer Hochsymmetrierichtung einer Volumenbandstruktur, ist es jedoch erforderlich die Anregungsenergie kontinuierlich zu variieren. Eine geeignete Lichtquelle hierfür ist z.B. ein Elektronenspeicherring (Synchrotronstrahlung). Die Möglichkeit die Periodizität der Brillouinzonen auch entlang $k_\perp$ zu messen, erlaubt es durch Vergleiche mit der entsprechenden Gitterperiodizität des untersuchten Kristalls, V_0 experimentell zu ermitteln.

2.1. Photoelektronenspektroskopie

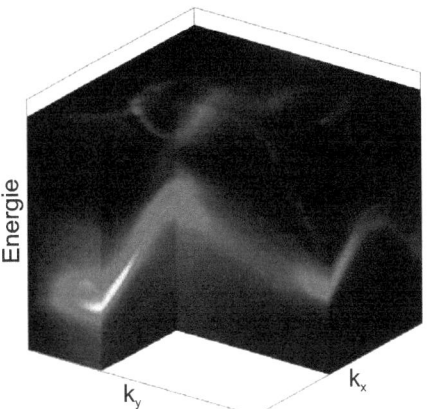

Abbildung 2.2: Dreidimensionales ARPES-Datenvolumen eines sauberen W(110) Einkristalls, gemessen im Winkelmodus des Analysators bei konstanter Anregungsenergie (hν = 21.2 eV). Die Intensität ist farbcodiert dargestellt, hohe Intensitäten erscheinen hell.

Die in dieser Arbeit untersuchten (quasi-)zweidimensionalen Systeme besitzen keine Dispersion in $k_\perp$-Richtung. Mit Messungen bei unterschiedlichen Anregungsenergien können diese damit von volumenartigen Zuständen unterschieden werden. Hierfür genügen auch die wenigen diskreten Anregungsenergien einer Laborlichtquelle (Gasentladungslampe).

2.1.2 Einfluss durch Vielteilchenwechselwirkung

Werden Vielteilcheneffekte mit berücksichtigt, können aus ARPES-Messungen neben der Bestimmung der Einteilchenbandstruktur weitere Informationen gewonnen werden, da die Greensche Funktion nun ein Quasiteilchen (QP) beschreibt. Dieses kann als Loch interpretiert werden, welches mit einer Wechselwirkungswolke umgeben durch den Kristall propagiert. Alle Wechselwirkungen des Lochs mit dem ($N-1$)-Elektronensystem, wie z.B. Elektron-Elektron- oder Elektron-Phonon-Wechselwirkungen, sind in dieser Wolke enthalten. Dieses mit einer Wechselwirkungswolke umgebene Loch kann mit dem von Landau [13] entwickelten Quasiteilchenkonzept wiederum als schwach wechselwirkendes Teilchen mit einer den Wechselwirkungen entsprechend renormierten Masse m^* interpretiert werden. Dadurch verändert sich im Vergleich zum Loch ohne Vielteilcheneffekte auch die Energie des Quasiteilchens. Die Differenz zum wechselwirkungsfreien Teilchen

$$\Sigma_{\vec{k}} = \epsilon_{\mathrm{QP}}(\vec{k}) - \epsilon_{\vec{k}} \qquad (2.8)$$

ist die sogenannte Selbstenergie des Quasiteilchens [14]. Die auch in Abschnitt 3.7 benutzte Dyson-Gleichung

$$G(E) = G_0(E) + G_0(E)\Sigma G(E) \qquad (2.9)$$

liefert die Greensche Funktion des wechselwirkenden Systems

$$G_{\vec{k}}(E) = \frac{1}{E - \epsilon_{\vec{k}} - \Sigma_{\vec{k}}(E)}, \qquad (2.10)$$

woraus sich wiederum die mit ARPES gemessene Spektralfunktion

$$\mathcal{A}(\vec{k}, E) = \frac{1}{\pi} \frac{|\Im\Sigma_{\vec{k}}(E)|}{(E - \epsilon_{\vec{k}} - \Re\Sigma_{\vec{k}}(E))^2 + (\Im\Sigma_{\vec{k}}(E))^2} \qquad (2.11)$$

ergibt. Durch die Abhängigkeit der Selbstenergie von den verschiedenen Wechselwirkungen kann die Form der Spektralfunktion sehr verschieden sein. Wie aus Gleichung (2.11) ersichtlich ist, gibt der Realteil der Selbstenergie die Renormierung der Einteilchenbanddispersion an. Der Imaginärteil ist mit der Lebensdauer τ des Quasiteilchens verknüpft $\Im\Sigma \propto 1/\tau$. $\Re\Sigma$ und $\Im\Sigma$ lassen sich aufgrund des Kausalitätsprinzips mit Hilfe der Kramers-Kronig Relation ineinander überführen. Für ein konstantes $\Im\Sigma = \frac{1}{2}\Gamma_h$ gilt somit $\Re\Sigma = 0$ und Gleichung (2.11) wird für festes $\vec{k}$ zu einer Lorentzfunktion mit der Linienbreite Γ_h. Um ein Vielteilchenproblem zu lösen bzw. die gemessenen ARPES Spektren zu verstehen muss die entsprechende korrekte Selbstenergie Σ des Systems gefunden werden. Aus der mit ARPES Messungen bestimmten Form der Spektralfunktion kann somit viel über die grundsätzlichen Zusammenhänge wechselwirkender Vielteilchensysteme gelernt werden [7, 9, 12, 14, 15, 16].

2.1.3 Kinematische Effekte

Um aus der Linienbreite einer Photoemissionsstruktur auf die Lebensdauer des Photolochs Rückschlüsse zu ziehen, muss beachtet werden, dass auch das ausgelöste Photoelektron im Endzustand eine endliche Lebensdauer besitzt und somit zur Gesamtlinienbreite beiträgt. Es gilt für die mit ARPES gemessene Linienbreite Γ die Beziehung zwischen Γ_h und Γ_e [17]

$$\Gamma = \frac{\frac{\Gamma_h}{|v_{\perp h}|} + \frac{\Gamma_e}{|v_{\perp e}|}}{\left|\frac{1}{v_{\perp h}} - \frac{1}{v_{\perp e}}\right|}. \tag{2.12}$$

Dabei sind alle beteiligten Linienformen lorentzartig. $v_{\perp h}$ und $v_{\perp e}$ stehen für die Loch- bzw. Elektronengeschwindikeit der beteiligten Zustände senkrecht zur Oberfläche.

Für eine Photoemissionsrichtung außerhalb der Normalemission spielen zudem die Bandgeschwindikeiten $v_{\| h}$ und $v_{\| e}$ parallel zur Oberfläche eine Rolle. Damit ergibt sich der Ausdruck

$$\Gamma = \frac{\frac{\Gamma_h}{|v_{\perp h}|} + \frac{\Gamma_e}{|v_{\perp e}|}}{\left|\frac{1}{v_{\perp h}}\left(1 - \frac{mv_{\| h}\sin^2(\Theta)}{\hbar k_\|}\right) - \frac{1}{v_{\perp e}}\left(1 - \frac{mv_{\| e}\sin^2(\Theta)}{\hbar k_\|}\right)\right|}. \tag{2.13}$$

Hierbei gibt Θ den Winkel zur Oberflächennormalen an. Diese Beziehung wird wesentlich vereinfacht, wenn der Anfangszustand keine $k_\perp$-Dispersion besitzt. Für (quasi-)zweidimensionale Zustände reduziert sich Gleichung (2.13) zu [18]

$$\Gamma = \frac{\Gamma_h}{1 - \frac{mv_{\| h}\sin^2(\Theta)}{\hbar k_\|}}. \tag{2.14}$$

Zustände mit zweidimensionalem Charakter stellen damit ideale Systeme zur Untersuchung von Quasiteilchen-Lebensdauern dar. Hierbei ist zu beachten, dass für Winkel außerhalb der Normalemission $\Theta \neq 0$ die gemessene Lebensdauer kleiner sein kann als die intrinsische Lochlebensdauerbreite [19].

2.2 Experimenteller Aufbau

2.2.1 APRES-Spektrometer

Die Hauptkomponente des Photoelektronenspektrometers in Würzburg, an dem die meisten Messungen für diese Arbeit durchgeführt wurden, stellt ein R4000 Halbkugelanalysator der Firma GAMMADATA aus Schweden dar. Dieser kann in verschiedenen Messmodi betrieben werden. Im *Transmissionsmodus* sind die Linsenspannungen auf eine maximale Transmission der Photoelektronen optimiert, bieten jedoch keine Winkelauflösung. Die winkelauflösenden Modi *AngularXY* bilden die verschiedenen Austrittswinkel der Photoelektronen auf eine Achse des zweidimensionalen Detektors ab. Dies ermöglicht es, im sogenannten *fixed mode* einen Winkelbereich von $XY°$ und ein Energiefenster von ca. 10 % der Passenergie gleichzeitig zu detektieren. Um einen größeren Energiebereich zu messen, wird dieses Energiefenster im *swept mode* schrittweise um ΔE verschoben und die entsprechenden Intensitäten des überstrichenen Winkel- und Energiebereichs aufintegriert. Um durch ein Abrastern des Winkelraums eine Fermifläche zu erhalten, wird sukzessive ein Spektrum in einem winkelaufgelösten Modus aufgenommen und anschließend der Manipulator um einen Winkelschritt gedreht (siehe Abbildung 2.1).

Für die Erzeugung der für die Photoemission benötigten Photonen stehen zwei Lichtquellen zur Verfügung. Eine für den UV- und eine für den Röntgenbereich. Im UV-Bereich wird das Licht in mikrowelleninduzierten Gasentladungslampen erzeugt und die gewünschte Anregungslinine mit einem Gittermonochromator auf die Probe gelenkt. Zu Beginn dieser Arbeit war eine für He-Gas optimierte Lampe (VUV-5010) der Firma GAMMADATA installiert. Diese wurde jedoch 2010 gegen ein kombiniertes Lampensystem, bestehend aus zwei Lampenköpfen für He (L1) und Xe (T1) der Firma MBS, ausgetauscht. Die intensivsten Übergangslinien für einen Betrieb mit reinem He sind He I$_\alpha$ ($h\nu$ = 21.218 eV), He I$_\beta$ ($h\nu$ = 23.087 eV) und He II$_\alpha$ ($h\nu$ = 40.841 eV), während Xe die Übergänge Xe I ($h\nu$ = 8.437 eV) und Xe II ($h\nu$ = 9.570 eV) besitzt. Aufgrund der Matrixelemente in Gleichung (2.2) ist zu beachten, dass das monochromatisierte Licht zu einem hohen Anteil s-polarisiert ist. Trotz mehrerer differenzieller Pumpstufen erhöht sich der Druck beim Betrieb der VUV-5010 von $p = 1 \times 10^{-10}$ mbar auf ca. 1×10^{-9} mbar und bei der L1 auf 6×10^{-9} mbar. Mit dem Druckanstieg wird die Probenalterung durch Adsorption von Gasen aus dem Lampenbrennraum beschleunigt. Am stärksten betroffen sind hierbei Oberflächenzustände durch ihre Lokalisierung an der Oberfläche. Im Gegensatz zum He-Licht existieren für die energetisch niedriger liegenden Xe-Linien Materialien mit ausreichender Transmittivität (MgF_2), welche im Strahlengang zur Abdichtung der Hauptkammer eingesetzt werden können. Damit ist der Betrieb der Xe-Lampe druckneutral und ermöglicht erheblich längere Messzeiten ohne merkliche Probenalterung.

Zusätzlich zu den UV-Quellen ist eine Röntgenröhre mit Aluminiumanode installiert. Ein Monochromator, bestückt mit SiO_2 Kristallen, fokussiert die

2.2. Experimenteller Aufbau

Röntgenstrahlung (hν = 1486.6 eV) auf die Probe.

Zur Kühlung ist in den Manipulator mit drei Translations- und einem Drehfreiheitsgrad ein zweistufiger Verdampferkryostat mit offenem Heliumkreislauf integriert. Durch die Verdampfung wird an der kältesten Stelle die Verflüssigungstemperatur von He unterschritten und erreicht $\approx$ 2 K. Trotz gekühlter Abschirmung ist die erreichbare Temperatur aufgrund mehrerer Materialübergänge sowie der Strahlungswärme der Umgebung um einige K höher. Die Temperaturmessung wird durch zwei Thermoelemente am Manipulator ermöglicht. Die tatsächliche Probentemperatur ist jedoch wenige K höher und kann, mit Kenntnis der exakten Spektrometerauflösung, durch die Auswertung der Breite einer gemessenen Fermikante bestimmt werden, wie im folgenden Abschnitt genauer beschrieben wird (siehe Gleichung (2.16)).

An der mit Manipulator, Lichtquellen und Analysator versehenen Hauptkammer ist, durch ein Ventil getrennt, eine Präparationskammer angeschlossen. Diese beinhaltet eine Elektronenstoßheizung, eine Ar-Sputtergun, verschiedene Verdampfer sowie eine LEED-Optik (*Low Energy Electron Diffraction*). Die Proben können auf ihrem Probenhalter mit einer Transferstange mit Bajonettverschluss auf die verschiedenen Präparationspositionen gebracht sowie an den Manipulator in der Hauptkammer übergeben werden. Eine Temperaturmessung der Probe während der Präparation ist konstruktionsbedingt nicht möglich. Die standardmäßige Probenpräparation umfasst mehrere Sputter-Heizzyklen und gegebenenfalls Aufdampfschritte. Die Probenpräparation unterscheidet sich jedoch im Detail und wird in den jeweiligen Abschnitten genauer beschrieben.

2.2.2 Energieauflösung des Spektrometers

Für die korrekte Interpretation gemessener Daten mit Strukturen im Bereich der experimentellen Auflösung ist die Kenntnis der Auflösungseigenschaften des Spektrometers essenziell. Eine weit verbreitete Methode zur Auflösungsbestimmung eines PES-Experiments besteht in der Auswertung der Breite einer gemessenen metallischen Fermikante. Da mit PES nur die besetzte Zustandsdichte (DOS) zugänglich ist, wird die gemessene Spektralfunktion $\mathcal{A}(\vec{k}, E)$ durch die Fermi-Dirac-Verteilung $f(E, T)$ abgeschnitten und anschließend mit der Auflösungsfunktion des Spektrometers $\mathcal{G}(E, \Delta E)$ verbreitert. Damit ergibt sich

$$\mathcal{I}(E,T) = \left[\mathcal{A}(\vec{k}, E) \cdot f(E,T)\right] \otimes \mathcal{G}(E, \Delta E). \qquad (2.15)$$

Eine auflösungsverbreiterte Fermikante kann durch eine Fermikante mit der effektiven Temperatur

$$T_{\text{eff}} = \sqrt{T^2 + (\Delta E/4k_B)^2} \qquad (2.16)$$

genähert werden. Ist die genaue Probentemperatur bekannt oder die Temperaturverbreiterung klein gegen die Auflösung, kann mit dieser Näherung ΔE bestimmt werden. Ansonsten ergibt sich aus T_{eff} ein oberes Limit der Auflösung.

Eine weitere Möglichkeit der Auflösungsbestimmung, welche nicht durch die thermischen Verbreiterung der messbaren Strukturen beeinflusst wird, stellt die Messung der Spektralfunktion eines schwach koppelnden BCS-Supraleiters dar [20]. Durch Elektron-Phonon-Kopplung bilden sich unterhalb der kritischem Temperatur T_c sogenannte Cooper-Paare. Die Gesamtenergie des Systems wird dadurch gesenkt und in der DOS öffnet sich um die Fermienergie eine wenige meV breite Bandlücke mit Singularitäten an den Kanten. Diese Strukturen unterliegen nicht der Temperaturverbreiterung der Fermikante, sondern werden nur durch die Auflösungsfunktion des Spektrometers verbreitert. Die Bandlückenbreite ist temperaturabhängig und bietet sich damit auch zur Temperaturbestimmung niedriger Temperaturen an.

Eine Messung zur Auflösungsbestimmung, aufgenommen mit der He I$_\alpha$- Linie der MBS-L1 He-Lampe, ist in Abbildung 2.3 gezeigt. Es handelt sich dabei um eine supraleitende V$_3$Si-Probe, einen BCS-Supraleiter vom A15-Typ mit $T_c = 17.1$ K [21]. Die Oszillationen in den Daten sind Messartefakte im *fixed-mode* zurückzuführen. Zur Auflösungsbestimmung wurde an die experimentellen Daten eine gaußförmig verbreiterte BCS-Zustandsdichte angepasst. Die genaue Durchführung ist in [21] beschrieben. Auf diese Weise wurden Messungen für verschiedene Analysatoreinstellungen und beide He-Gasentladungslampen durchgeführt. Die Ergebnisse sind in Tabelle 2.1 und 2.2 zusammengefasst wobei Messungen mit beiden He-Lampen identische Ergebnisse liefern. Die beste ermittelte Auflösung beträgt $\Delta E = 2.20$ meV. Aufgrund der geringen Zählraten bei kleinen Passenergien und der Empfindlichkeit der untersuchten Proben gegenüber Alterung wurde in dieser Arbeit hauptsächlich mit $E_{pass} = 5$ eV oder 10 eV gemessen.

2.2. Experimenteller Aufbau

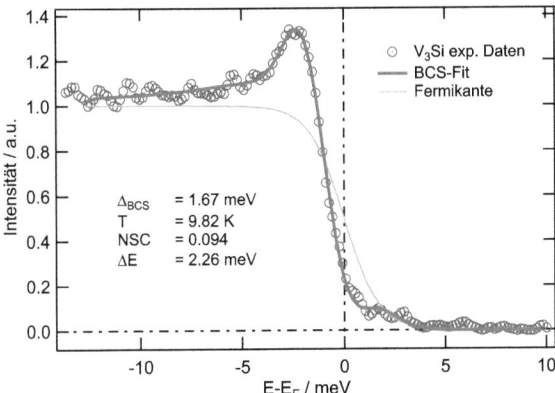

Abbildung 2.3: UPS-Spektrum einer supraleitenden V_3Si-Probe. Gezeigt sind experimentelle Daten (E_{pass} = 2 eV, Spaltbreite 0.1 mm, *fixed-mode*) zusammen mit einem auflösungsverbreiterten BCS-Fit. Zum Vergleich dazu ist eine Fermikante bei der ermittelten Temperatur von 9.82 K geplottet.

E_{pass}/eV	Spaltbreite/mm	ΔE/meV	rel. Zählrate
	Transmission		
1	0.1	2.20	1
2	0.1	2.26	2.5
2	0.2	2.33	11.3
2	0.3	2.75	36.8
5	0.1	3.92	22.6
5	0.2	4.13	62.6
5	0.3	4.99	180.6
5	0.5	6.89	399.0
10	0.2	6.90	199.7

Tabelle 2.1: Energieauflösung des Spektrometers im Transmissionsmodus. Bestimmt wurden die Werte aus Messungen an supraleitendem V_3Si (E_{pass} = 1 eV und 2 eV) und der Fermikante von polykristallinem Silber (E_{pass} = 5 eV und 10 eV). Die Probentemperaturen lagen zwischen T = 8.8 K und 10.5 K.

	Angular30		
E_{pass}/eV	Spaltbreite/mm	ΔE/meV	rel. Zählrate
5	0.2	4.31	1
5	0.3	5.18	2.4
5	0.5	6.97	7.7
10	0.2	6.17	7.6
10	0.3	7.58	14.6
10	0.5	7.97	20.8

Tabelle 2.2: Energieauflösung des Spektrometers im Angular30-Modus. Die Werte leiten sich aus Messungen der Fermikante von polykristallinem Silber bei Temperaturen zwischen T = 8.8 K und 10.5 K ab.

Kapitel 3

Elektronische Struktur von Grenzschichten

Zur theoretischen Beschreibung der elektronischen Struktur dreidimensionaler Festkörper wird von einem unendlich ausgedehnten, perfekt periodischen Gitter in alle drei Raumrichtungen ausgegangen. Ist diese Periodizität jedoch gestört, wird auch die elektronische Struktur dementsprechend beeinflusst. Eine solche Störung kann unter anderem als Grenzschicht aber auch als Defekte in Form von Gitterfehlstellen und Verunreinigungen realisiert sein.

Als Grenzschicht wird hierbei ein geordnetes elektronisches System mit endlicher Ausdehnung in einer Richtung von wenigen Ångström und unendlicher Periodizität in die beiden anderen Raumrichtungen verstanden. Dieser Definition entsprechen sowohl wenige Monolagen (ML) dicke Filme, welche durch zwei Grenzschichten als Übergang zum angrenzenden Medium terminiert sind, aber auch Ober- und Grenzflächen als Grenzschicht mit vernachlässigbarer Dicke.

Alle betrachteten Grenzschichten besitzen die Gemeinsamkeit, dass sie in zwei Richtungen die periodischen Randbedingungen des unendlich ausgedehnten Festkörpers beibehalten und Modelle zur Beschreibung dreidimensionaler Festkörper somit zum großen Teil darauf angewendet werden können. Jedoch auch die dritte Raumrichtung muss berücksichtigt werden, da sie zusammen mit der räumlichen Umgebung die elektronische Struktur mitbestimmt. [22]

3.1 Elektronische Zustände an Oberflächen

3.1.1 Oberflächenpotenzial

Die Oberfläche stellt als Übergang zum Vakuum die einfachste Grenzschicht eines Festkörpers dar. Die Gitterperiodizität wird hierbei in z-Richtung gebrochen und das Niveau des Potenzials der Atomrümpfe an der Grenzfläche auf das Potenzial des Vakuums angehoben. Die einfachste Form des Übergangs stellt ein Stufenpotenzial dar, welches bei $z = \frac{a}{2}$, einer halben Gitterkonstante oberhalb der terminierenden Atomposition ($z_{\text{Atom}} = 0$) einen Potenzialsprung auf das Vakuumniveau V_{vac} macht

$$V(z) = |V_{vac}| \quad \text{für} \quad z > \frac{a}{2}. \tag{3.1}$$

Eine Unstetigkeitsstelle, wie bei solch einem Potenzialsprung, ist für reale Oberflächen jedoch nicht gerechtfertigt. Vielmehr wird erwartet, dass sich das Potenzial nahe der Oberfläche dem Vakuumniveau stetig annähert. Als realistischeres Modell wird das sogenannte Bildladungspotenzial verwendet, welches durch

$$V(z) = |V_{vac}| - \frac{1}{4\pi\epsilon\epsilon_0} \cdot \frac{e}{4(z - z_0)} \quad \text{für} \quad z > \frac{a}{2} \tag{3.2}$$

gegeben ist und sich V_{vac} asymptotisch nähert. Dabei kann z_0 so gewählt werden, dass der Verlauf bei $z = \frac{a}{2}$ stetig an das Festkörperpotenzial anschließt. Das Bildladungspotenzial leitet sich von der Coulombwechselwirkung eines sich vor der Oberfläche befindenden Elektrons mit einer durch dieses induzierten positiven Bildladung im Festkörper ab. Abbildung 3.1 zeigt schematisch ein eindimensionales Modell des Potenzialverlaufs in der Nähe einer Oberfläche. Das in der NFE-Näherung sinusförmig um den Mittelwert V_0 oszillierende Potenzial im Festkörper schließt an der Oberfläche durch das Bildladungspotenzial (durchgezogene Linie) oder Stufenpotenzial (gestrichelte Linine) an das Vakuumniveau V_{vac} an. Der Anschluss des Bildladungs- an das Festkörperpotenzial ist zwar stetig, jedoch nicht differenzierbar. Es können damit jedoch qualitativ die Einflüsse einer Oberfläche auf die elektronische Struktur diskutiert werden.

3.1.2 Austrittsarbeit

Die Höhe des Potenzialsprungs an einer Oberfläche hängt von der Austrittsarbeit ϕ ab, welche angibt, wie viel Energie aufgebracht werden muss, um

3.1. Elektronische Zustände an Oberflächen

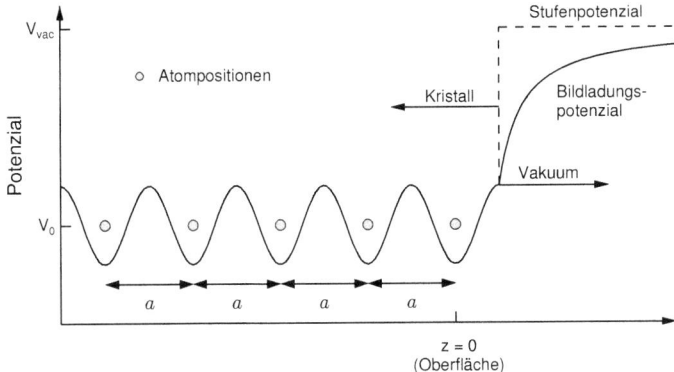

Abbildung 3.1: Eindimensionales Modell des Potenzialverlaufs an einer Festkörperoberfläche. Im Kristall mit Gitterkonstante a weist das Potenzial nach der NFE-Näherung einen sinusförmigen Verlauf auf, welcher dann bei $z = \frac{a}{2}$ in das Stufenpotenzial (gestrichelte Linie) oder das Bildladungspotenzial (durchgezogene Linie) übergeht. Letzteres nähert sich für $z \to \infty$ asymptotisch dem Vakuumpotenzial V_{vac}. (nach [22])

ein Elektron an der Fermienergie E_F bei $T = 0\,\mathrm{K}$ aus dem Festkörper zu entfernen. Dabei gilt die Beziehung

$$\phi = E_F - V_{vac}. \tag{3.3}$$

Abgesehen vom klassischen Bildladungspotenzial wird die Austrittsarbeit einer Oberfläche von weiteren Effekten beeinflusst. Durch eine Umverteilung der Elektronendichte an einer Oberfläche bildet sich eine Dipolschicht aus, welche je nach Polarität die Austrittsarbeit sowohl vergrößern als auch verkleinern kann.

Einen Beitrag zur Umverteilung der Elektronendichte liefert das sogenannte „spreading" oder die „Ausbreitung" in das Vakuum. Da an der Oberfläche die nächste Atomlage fehlt, sind die Elektronen schwächer gebunden und breiten sich in Richtung Vakuum aus. Diese Umverteilung resultiert in einer positiven Teilladung in der ursprünglichen Einheitszelle und einer negativen außerhalb dieser, siehe Abbildung 3.2 (a). Die dabei entstehende Dipolschicht erhöht die Austrittsarbeit.

Ein entgegengesetzter Beitrag resultiert aus dem sogenannten „smoothing",

Kapitel 3. Elektronische Struktur von Grenzschichten

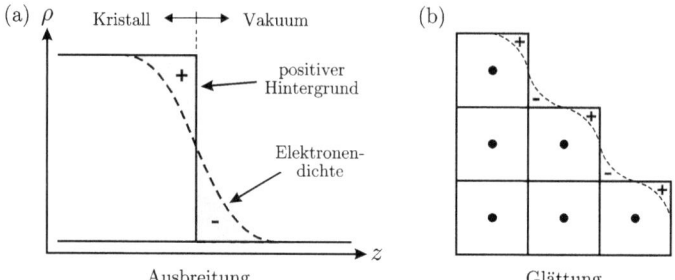

Abbildung 3.2: Umverteilung der Elektronendichte an einer Oberfläche im Jelliummodell. (a) Durch die „Ausbreitung" der Elektronendichte an einer Oberfläche ins Vakuum entsteht ein Dipolmoment, welches die Austrittsarbeit erhöht. (b) Um die kinetische Energie abzusenken gleicht die Elektronenverteilung Unregelmäßigkeiten der Oberfläche aus und „glättet" diese. Das dabei entstehende Dipolmoment verringert die Austrittsarbeit [23].

das heißt der „Glättung" der Elektronendichte an der Oberfläche. Elektronen tendieren dazu, Unregelmäßigkeiten in der Oberfläche auszugleichen, um ihre kinetische Energie zu minimieren. Dabei fließen sie von „Erhebungen" in „Vertiefungen" wie in Abbildung 3.2 (b) dargestellt. In diesem Fall bleiben positive Teilladungen an den „Erhebungen" zurück, während sich negative in den „Vertiefungen" ausbilden. Das dabei entstehende Dipolmoment besitzt eine zur „Ausbreitung" entgegengesetzte Richtung und verringert die Austrittsarbeit.

Die „Ausbreitung" der Elektronendichte in Richtung Vakuum hängt in erster Linie nicht von der Morphologie der Oberfläche ab. Die Oberflächenrauheit hat jedoch einen entscheidenden Einfluss auf die „Glättung". Beide Effekte haben die gleiche Größenordnung, weshalb bei Betrachtung einer unbekannten Oberfläche nicht ohne genaue numerische Berechnung entschieden werden kann, welcher Effekt überwiegt. Aufgrund der „Glättung" besitzen verschiedene Oberflächen eines Kristalls durch ihre unterschiedliche Oberflächenstruktur verschiedene Austrittsarbeiten. Das hieraus folgende Prinzip, dass die Austrittsarbeit mit einer Zunahme der Oberflächenrauheit abnimmt ist unter dem Namen „Smoluchowski-Prinzip" bekannt [23].

Experimentell lassen sich Austrittsarbeiten unter anderem aus Photoemissions- oder Kontaktpotenzialdifferenzmessungen mit Hilfe einer Kelvinsonde bestimmen. Typische Werte liegen im Bereich weniger eV.

3.1.3 Oberflächenzustände

Die Terminierung eines Festkörpers aufgrund einer Oberfläche und dem resultierenden Oberflächenpotenzial stellt eine „Störung" der Zustandsfunktionen dar. Da Bloch-Elektronen aufgrund der Periodizität ihrer Wellenfunktion jedoch über den kompletten Festkörper delokalisiert sind, sind Einflüsse einer Oberfläche auf Volumenzustände vernachlässigbar klein. Des weiteren erlaubt die Normierbarkeit der Wellenfunktion für Volumenzustände nur reelle Wellenvektoren. Wird die Periodizität jedoch durch eine Oberfläche in einer Richtung gebrochen, werden die Zustände exponentiell ins Vakuum gedämpft:

$$\psi_{\sigma,\vec{k}_\perp}(z) \propto e^{-\bar{q}z}, \quad \text{für} \quad z > \frac{a}{2} \tag{3.4}$$

Damit sind für die entsprechende Komponente des Wellenvektors im Kristall auch imaginäre Werte unter Erhaltung der Normierbarkeit möglich. Für die Schrödingergleichung können nun auch Lösungen der Form

$$\psi_{\sigma,\vec{k}}(\vec{r}) = \psi_{\sigma,\vec{k}_\parallel}(x,y) \cdot \psi_{\sigma,k_\perp}(z) \tag{3.5}$$

$$= \psi_{\sigma,\vec{k}_\parallel}(x,y) \cdot u_{\sigma,k_\perp}(z) e^{ipz} e^{qz}, \quad \text{für} \quad z < \frac{a}{2} \tag{3.6}$$

existieren. Hierbei wurde $k_\perp = p - iq$ gesetzt und die Lösung für $\vec{k}_\parallel$ in der Oberflächenebene absepariert. $\psi_{\sigma,\vec{k}_\parallel}(x,y)$ wird im Folgenden nicht weiter berücksichtigt, was zu einer Reduzierung des Problems auf eine Dimension führt. Beachtet werden muss dabei, dass die Wellenfunktion im Kristall stetig differenzierbar in den exponentiell abfallenden Teil im Vakuum übergeht. Durch die komplexe $k_\perp$-Komponente sind auch Lösungen der Schrödingergleichung für Energien innerhalb von Bandlücken des idealen Volumenkristalls erlaubt. In Abbildung 3.3 ist eine beispielhafte Zustandsfunktion $\psi_{\sigma,k_\perp}(z)$ gezeigt. Die räumliche Oszillation wird durch p beschrieben, während $q > 0$ eine exponentielle Dämpfung der Wellenfunktion in den Kristall zur Folge hat. Durch den Anschluss an das Vakuumpotenzial bei $z = \frac{a}{2}$ wird die Wellenfunktion auch vakuumseitig exponentiell gedämpft und $\psi_{\sigma,k_\perp}(z)$ bleibt normierbar. Der Zustand ist somit an der Oberfläche lokalisiert und wird folglich als Oberflächenzustand bezeichnet. Diese starke Oberflächenlokalisierung hat zur Folge, dass ein Oberflächenzustand quasi-zweidimensional ist und keine Dispersion in $k_\perp$-Richtung aufweist.

Die grundlegenden Eigenschaften von Oberflächenzuständen sind damit behandelt. Mit einer weiteren, historisch motivierten Charakterisierung werden verschiedene Arten von Oberflächenzuständen unterschieden, die im Folgenden kurz beschrieben werden.

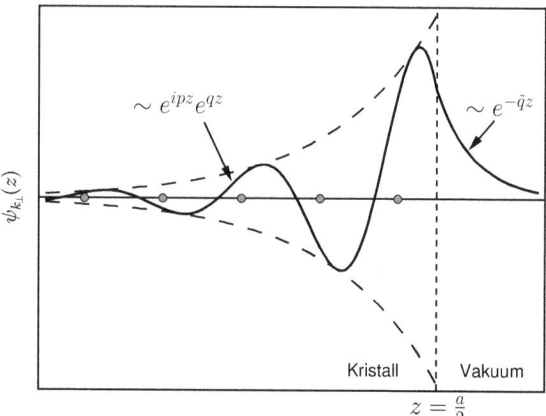

Abbildung 3.3: Exemplarische Wellenfunktion eines Oberflächenzustands. Die Bloch-artige räumliche Oszillation wird durch die imaginäre $k_\perp$-Komponente des Wellenvektors exponentiell in das Kristallvolumen gedämpft. Durch den Anschluss an das Vakuumpotenzial erfährt der Zustand auch ausserhalb des Kristalls eine exponentielle Dämpfung und ist damit an der Oberfläche lokalisiert.

3.1.4 Tamm-Zustände

Die erste theoretische Beschreibung von oberflächeninduzierten Zuständen lieferte 1932 Igor Tamm [24, 25]. Er benutze zur Beschreibung eines periodischen Kristalls ein halbunendliches Kronig-Penney-Modell mit δ-förmigen Potenzialbarrieren zwischen den Zellen. Damit konnte er zeigen, dass aufgrund der Oberfläche auch in den Volumenbandlücken elektronische Zustände entstehen können.

Auf der Grundlage von Tamms Arbeit untersuchte Goodwin 1939 [26] eine endliche eindimensionale Kette von Atomen mit der Tight-Binding-Methode. Als Randbedingung nahm er eine Potenzialänderung an der Grenzfläche gegenüber der Potenzialform im Kristall an (siehe Abbildung 3.4). Hiermit zeigte er in Übereinstimmung mit der Arbeit von Tamm, dass sich bei schwachem Überlapp der atomaren Wellenfunktionen mit hinreichend großer Änderung des begrenzenden Potenzials Oberflächenzustände von den Volumenzuständen abspalten.

3.1. Elektronische Zustände an Oberflächen

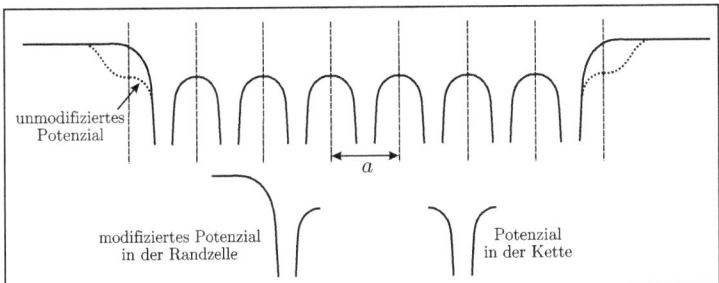

Abbildung 3.4: Schematische Darstellung des von Goodwin benutzten Potenzials einer eindimensionalen Atomkette mit Gitterkonstante a. Am Rand der Kette ist das Potenzial durch die Oberfläche modifiziert. (nach [18])

Oberflächenzustände, welche mit der Tight-Binding-Methode unter Annahme einer Potenzialänderung in der äußersten Atomlage, bei gleichzeitig schwacher Wechselwirkung der Gitteratome und somit schwachem Überlapp der zugrundeliegenden atomaren Wellenfunktionen beschrieben werden können, werden als „Tamm-Zustände" bezeichnet. [18, 7]

3.1.5 Shockley-Zustände

Eine andere Herangehensweise verwendete William Shockley 1939 [27], indem er die Entwicklung der elektronischen Struktur einer endlichen eindimensionalen Atomkette in Abhängigkeit des Gitterabstandes a untersuchte. Wird von anfangs isolierten Atomen mit einem s- und einem p-Zustand ausgegangen, beginnen sich diese mit kleiner werdendem Atomabstand zu verbreitern und s- bzw. p-artige Bänder auszubilden, wie in Abbildung 3.5 zu sehen ist. Mit weiterer Verkleinerung des Abstands, verstärkt sich die Wechselwirkung und die Bänder kreuzen sich. Dabei bildet sich eine sogenannte invertierte Bandlücke mit s-artigen Zuständen an der oberen und p-artigen Zuständen an der unteren Bandkante aus. Shockley fand heraus, dass beim Kreuzen der Bänder im Bereich der Bandlücke zwei Zustände mit reellem k verschwinden und dafür zwei mit komplexem k entstehen, deren Wellenfunktion somit in den Kristall wie auch in das Vakuum exponentiell gedämpft ist. Diese „Shockley-Oberflächenzustände" entstehen im Gegensatz zu Tamms Modell ohne Potenzialänderung an der Oberfläche.

Aufgrund der notwendigen starken Überlappung der Atomorbitale für Shock-

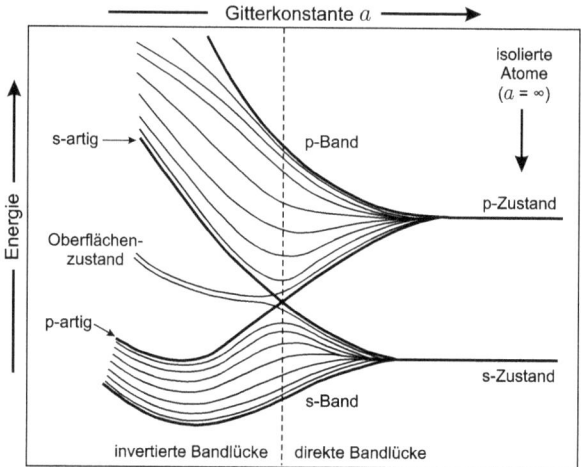

Abbildung 3.5: Entstehung von Bändern aus atomaren s- und p-Zuständen in Abhängigkeit des Gitterabstandes. Durch das Kreuzen der Bänder unterhalb einer bestimmten Gitterkonstante a entsteht eine invertierte Bandlücke, die eine Voraussetzung für die Entstehung von Oberflächenzuständen nach den Kriterien von Shockley darstellt [27, 28]. In der invertierten Bandlücke trennen sich von den Volumenbändern spinentartete Oberflächenzustände ab.

ley-Zustände, treten diese vor allem bei stark delokalisierten Zuständen auf, wie z.B. die sp-Oberflächenzustände der Edelmetalle Cu, Ag und Au in der invertierten Bandlücke der (111)-Oberflächen.

Eine ausführliche theoretische Beschreibung der elektronischen Struktur an Oberflächen beinhaltet Ref. [28].

3.2 Elektronische Zustände in dünnen Schichten

Bei einem System mit zwei parallelen, eng beieinander liegenden Grenzflächen bzw. Oberflächen, bleibt die langreichweitig periodische Gitterstruktur des unendlichen Festkörpers parallel zu den Grenzflächen erhalten. Senkrecht dazu gilt die Periodizität jedoch nur für die Dicke der Schicht d. Durch diese Einschränkung kann sich nur in $\vec{k}_\parallel$-Richtung eine kontinuierliche Bandstruktur ausbilden, die Senkrechtkomponente $k_\perp$ ist in diesem Fall keine gute Quantenzahl mehr. In dieser Richtung entsteht keine kontinuierliche Bandstruktur sondern es bilden sich diskrete Energieniveaus aus, welche sich abhängig von der Schichtdicke verändern und für den Grenzfall einer unendlich dicken Schicht die Volumenbandstruktur auch in $k_\perp$ ausbilden. Dabei lässt sich der Übergang einer zweidimensionalen elektronischen Struktur in eine dreidimensionale Bandstruktur verfolgen.

In einem freistehenden dünnen Film können Elektronen in einem einfachen Modell wie Teilchen beschrieben werden, welche in einem symmetrischen Potenzialtopf ($\rightarrow$ *Quantentrog*) eingesperrt sind, der durch die Oberflächenpotenziale begrenzt ist. Die in dünnen Filmen durch die Begrenzung entstehenden diskreten Zustände werdem daher auch Quantentrogzustände (QWS) genannt. Da es experimentell nicht möglich ist einen freistehenden, auf beiden Seiten durch Vakuum begrenzten, wenige Atomlagen dicken Film zu präparieren, werden solche Quantentrogsysteme experimentell durch Adsorbatschichten auf einem Substrat realisiert. Um die Elektronen im Adsorbatfilm gefangen zu halten, muss das Substrat für diese eine Bandlücke im entsprechenden Energiebereich aufweisen. Dabei muss es sich nicht notwendigerweise um eine absolute oder relative Bandlücke handeln. Die Elektronen können auch aufgrund unterschiedlicher Symmetrieeigenschaften ihrer Zustandsfunktionen im Vergleich zu den Substratzustandsfunktionen, am Eindringen in das Substrat gehindert werden. In diesem Fall wird von einer Symmetriebandlücke gesprochen. Ist keine Bandlücke im Substrat vorhanden, können Elektronen durch zum Beispiel Streuung an der Grenzfläche dennoch teilweise im Adsorbatfilm begrenzt sein. Diese nicht komplett im Adsorbat lokalisierten Zustände werden Quantentrogresonanzen (QWR) genannt.

3.2.1 Phasenakkumulationsmodell

Die Entwicklung der elektronischen Struktur dünner Schichten in Abhängigkeit von der Schichtdicke kann mit einem relativ einfachen Modell beschrie-

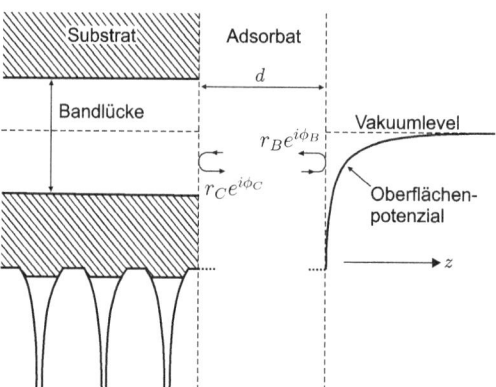

Abbildung 3.6: Schematischer Potenzialverlauf um eine Adsorbatschicht der Dicke d. Quantentrogzustände entstehen durch Vielfachreflexion zwischen der Bandlücke des Substrats und des Oberflächenpotenzials mit den Reflektivitäten $r_C e^{i\phi_C}$ bzw. $r_B e^{i\phi_B}$ (nach [30], verallgemeinert für QWS).

ben werden, welches eine Erweiterung des von Echenique und Pendry [29] eingeführten Modells zur Berechnung von Bildladungszuständen an Oberflächen darstellt. Es basiert auf der elementaren Annahme einer zwischen zwei Barrieren mehrfach reflektierten Welle, wobei $r_B e^{i\phi_B}$ und $r_C e^{i\phi_C}$ die Reflektivität der Oberflächenbarriere bzw. der Kristallbandlücke beschreiben, wie in Abbildung 3.6 skizziert. Dabei repräsentieren r_B und r_C die Reflexionskoeffizienten und ϕ_B und ϕ_C die Phasenänderungen durch die Reflexionen.

Eine Aufsummierung der wiederholten Reflexionen führt zu der Amplitude

$$\left[1 - r_B r_C \, e^{i(\phi_B + \phi_C)}\right]^{-1}. \tag{3.7}$$

Ein Pol in Ausdruck (3.7) kennzeichnet einen gebundenen Zustand an der Oberfläche. Aufgrund der Erhaltung der Flussdichte gilt $r_B = r_C = 1$. Somit bleibt als Bedingung für die Phasenbeziehung

$$\phi_B + \phi_C = 2\pi n, \quad n \in \mathbb{N}_0. \tag{3.8}$$

Wird nun anstatt einer Oberfläche ein dünner Film mit endlicher Dicke d betrachtet, muss ebenfalls die Phase aufgrund der Ausbreitung der Welle

3.2. Elektronische Zustände in dünnen Schichten

mit der Wellenzahl $k_\perp(E)$ durch den Film berücksichtigt werden. Dadurch erweitert sich die Beziehung (3.8) für die Akkumulation der Phasen zu

$$\begin{aligned}\phi_{tot}(E) &= \phi_B(E) + 2\,k_\perp(E)\,d + \phi_C(E) \\ &= \phi_B(E) + 2\,k_\perp(E)\,N \cdot a_{ML} + \phi_C(E) \\ &= 2\pi n.\end{aligned} \qquad (3.9)$$

Die Quantenzahl n gibt dabei die Anzahl der Knotenpunkte der Wellenfunktion zwischen den Potenzialbarrieren an. Mit der diskreten Erhöhung der Adsorbatschichtdicke durch sukzessives Hinzufügen von Atomlagen der Dicke a_{ML} ergibt sich mit der Monolagenanzahl die zusätzliche Quantenzahl N. Das Modell (3.9) kann als Teilchen im Kasten (*particle in a box*) der Breite d und den Anschlussbedingungen ϕ_B und ϕ_C der Wellenfunktion an die Randbedingungen interpretiert werden.

Die energieabhängige Phasenverschiebung durch die Reflexion an der Oberflächenbarriere ergibt sich unter der Annahme eines Bildladungspotenzialverlaufs und mit Benutzung der WKB-Näherung zu [31, 30]

$$\phi_B(E) = \pi \cdot \sqrt{\frac{3.4\,\mathrm{eV}}{E_V - E}} - \pi. \qquad (3.10)$$

Hierbei steht E_V für das Vakuumlevel. Dabei wird vernachlässigt, dass vor allem für kleine Schichtdicken von wenigen Monolagen ϕ_B auch von der Schichtdicke abhängt $\phi_B = \phi_B(E, N)$. Der üblicherweise verwendete Ausdruck für die Phasenänderung an der Substratbandlücke ist empirisch ermittelt und wird mit

$$\phi_C(E) = 2\arcsin\sqrt{\frac{E - E_L}{E_U - E_L}} - \pi \qquad (3.11)$$

angegeben [32, 33]. Wobei E_L für die untere und E_U für die obere Bandlückenkante steht. Gleichung (3.9) lässt sich damit nicht analytisch lösen, weshalb auf numerische Lösungsstrategien zurückgegriffen werden muss. Die graphische Lösung eines Modellsystems ist in Abbildung 3.7 (a) gezeigt. Dabei werden die Phase $2Nk_\perp \cdot a_{ML}$ (durchgezogene Linien) sowie die Phase $2\pi n - \phi_B - \phi_C$ (gestrichelte Linien) zusammen aufgetragen, um die Schnittpunkte zu ermitteln. Diese Kreuzungspunkte (rot) geben Lösungen der Phasenbeziehung (3.9) an, welche durch die Quantenzahl $\nu = N - n$ einzelnen Quantentrogzuständen zugeordnet werden können. Für die funktionale Abhängigkeit der Phase $2Nk_\perp \cdot a_{ML}$ von der Energie wurde die Form

$$2Nk_\perp \cdot a_{ML} = 2\arccos\left(1 - \frac{2E}{E_U^\star - E_L^\star}\right)N \qquad (3.12)$$

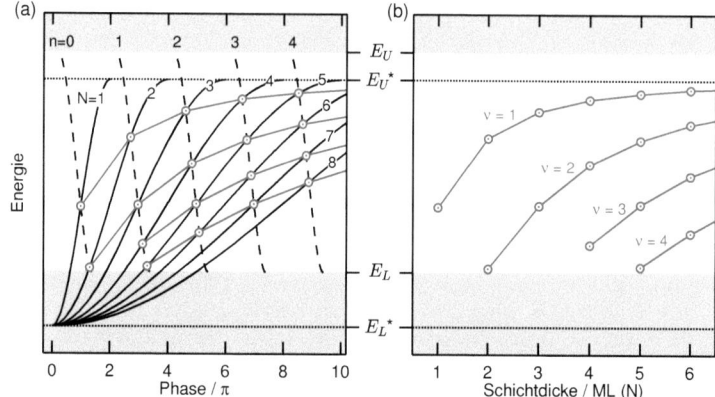

Abbildung 3.7: Schematische Darstellung zur Entstehung von Zuständen in einer Grenzschicht nach dem Phasenakkumulationsmodell. (a) Dargestellt ist die Energie als Funktion der Phase $2\pi n - \phi_B - \phi_C$ als gestrichelte Linien und $2Nk_\perp \cdot a_{ML}$ als durchgezogene schwarze Linien. Die Schnittpunkte (rot) dieser Linien erfüllen demnach die Phasenbedingungen nach Gleichung (3.9) und beschreiben Quantentrogzustände, welche mit der Quantenzahl $\nu = N - n$ charakterisiert sind. Die Entwicklung dieser Zustände in Abhängigkeit der Schichtdicke ist in (b) dargestellt. E_U und E_L stehen für die obere bzw. untere Kante der Substratbandlücke, E_U^* und E_L^* geben die obere bzw. untere Kante des Ursprungsbandes der QWS im Adsorbatfilm an.

angenommen, welche aus dem Tight-Binding Modell für eine einfache lineare Kette abgeleitet werden kann [33]. E_U^* und E_L^* stehen hierbei für die obere und untere Kante des Adsorbatvolumenbandes, welches den QWS zugrunde liegt.

Die energetische Entwicklung der QWS mit wachsender Schichtdicke ist in Abbildung 3.7 (b) dargestellt. Die Anzahl der Zustände wächst mit den adsorbierten Monolagen und die QWS rücken energetisch näher zusammen, um im Grenzfall einer unendlichen Schichtdicke das zugrunde liegende Volumenband aufzubauen.

Das Phasenakkumulationsmodell wird erfolgreich in vielen Dünnschichtsystemen zur Beschreibung der Entstehung diskretisierter Zustände und deren Entwicklung in Normalenrichtung zur Grenzfläche verwendet [34, 35, 32, 33, 36]. Eine experimentelle Anforderung an die zu untersuchenden Systeme ist ein Lage für Lage (Frank-van der Merwe) Wachstum auf dem atomar flachen Substrat über den kompletten untersuchten Schichtdickenbereich. Die langreichweitige Ordnung bleibt dabei erhalten und Inselwachstum mit variierenden Inselgrößen und -höhen wird vermieden.

Eine oft genutzte Eigenschaft des Modells besteht darin, aus der Entwicklung der QWS mit der Schichtdicke die $k_\perp$-Dispersion der Volumenzustände ermitteln zu können, aus denen sie entstanden sind [34, 35].

3.3 Spin-Bahn Wechselwirkung

Bis zu diesem Punkt wurde in der Diskussion die Eigenschaft des Spins nicht betrachtet. Volumenzustände besitzen aufgrund der Zeitumkehrsymmetrie $E(\vec{k},\uparrow) = E(-\vec{k},\downarrow)$ (Kramers-Entartung) sowie der im Kristallvolumen vorherrschenden Inversionssymmetrie $E(\vec{k},\uparrow) = E(-\vec{k},\uparrow)$ eine zweifache Entartung $E(\vec{k},\uparrow) = E(\vec{k},\downarrow)$ und zeigen damit keine Spin-Bahn-Aufspaltung. Obwohl dies für die Volumenzustände durch ihre Delokalisierung über den ganzen Kristall auch mit der Einführung einer Grenzfläche näherungsweise als erfüllt betrachtet werden kann, gilt dies nicht für Grenzflächenzustände. Diese spüren in $k_\perp$-Richtung ein Potenzial mit gebrochener Inversionssymmetrie und können damit Spin-Bahn-aufgespalten sein.

In der Einteilchennäherung wird die Spin-Bahn-Wechselwirkung eines Elektrons im Potenzial $V(\vec{r})$ durch den Kopplungsterm

$$\hat{H}_{SOS} = \frac{\hbar^2}{4im_e^2c^2}\vec{\sigma}\cdot\left(\vec{\nabla}V(\vec{r})\times\vec{\nabla}\right) \qquad (3.13)$$

$$= \frac{\hbar^2}{4m_e^2c^2}\vec{\sigma}\cdot\left(\vec{\nabla}V(\vec{r})\times\vec{k}\right) \qquad (3.14)$$

mit den Pauli-Spinmatrizen $\vec{\sigma}$ beschrieben. Für ein kugelsymmetrisches Potenzial gilt $\vec{\nabla}V = \frac{\vec{r}}{r}\frac{dV}{dr}$. Wenn für den Spinoperator $\vec{S} = \frac{1}{2}\hbar\vec{\sigma}$ und den Bahndrehimpuls $\vec{L} = \vec{r}\times\vec{p} = -i\hbar\vec{r}\times\vec{\nabla}$ eingesetzt wird, kann der Spin-Bahn Kopplungsterm als

$$\hat{H}_{SOS} = \frac{1}{2m_e^2c^2}\frac{1}{r}\frac{dV}{dr}\left(\vec{S}\cdot\vec{L}\right) \qquad (3.15)$$

geschrieben werden [37]. Diese Gleichung beschreibt die atomare Spin-Bahn-Wechselwirkung und erklärt somit auch deren Namen.

In einer NFE-Näherung betrachten wir nun nur den durch das vorhandene Oberflächenpotenzial erzeugten Potenzialgradienten $\vec{\nabla}V(\vec{r}) = \frac{dV}{dz}\vec{e}_z$ in $\vec{e}_z$-

Richtung, welcher die Spinentartung aufhebt. Gleichung (3.14) kann in diesem Fall in der vereinfachten Form

$$\hat{H}_{SOS} = \alpha_R \vec{\sigma} \cdot \left(\vec{e}_z \times \vec{k} \right) \quad (3.16)$$

geschrieben werden, mit dem Rashba-Parameter α_R, welcher proportional zu $\frac{dV}{dz}$ ist. Für einen Oberflächenzustand gilt damit

$$\hat{H}_{SOS} = \alpha_R \left(\sigma_x k_y - \sigma_y k_x \right) \quad (3.17)$$

und es ergeben sich die Energieeigenwerte

$$E(\vec{k}_\parallel) = \frac{\hbar^2 \vec{k}_\parallel^2}{2m^*} \pm \alpha_R |\vec{k}_\parallel|. \quad (3.18)$$

Bychkov und Rashba erklärten mit diesem Ansatz 1984 die Aufhebung der Spinentartung eines zweidimensionalen Elektronengases in Halbleiterheterostrukturen [38]. Aus diesem Grund ist das vorgestellte Modell unter dem Namen „Rasba-Modell" und der Parameter α_R als „Rasba-Parameter" bekannt.

Mit dem Rashba-Modell kann die Spin-Bahn Aufspaltung eines Oberflächenzustandes qualitativ beschrieben werden, jedoch ist die damit berechnete, durch das Oberflächenpotenzial erzeugte Aufspaltung, im Vergleich mit experimentellen Ergebnissen um Größenordnungen zu klein [39, 40]. Dies ist plausibel, da in der NFE-Näherung große Potenzialgradienten nahe der Kerne nur als schwache Störung berücksichtigt werden. Diese liefern jedoch einen entscheidenden Beitrag zur Spin-Bahn Aufspaltung.

Petersen und Hedegård entwickelten ein Tight-Binding Modell [41] mit einer p_x, p_y, p_z atomaren Basis und führten einen Asymmetrieparameter γ ein. Dieser kommt durch den Überlapp der Orbitale in der Oberflächenebene und den senkrecht dazu stehenden Orbitalen zustande und entspricht dem Potenzialgradienten $\frac{dV}{dz}$ aus dem NFE-Ansatz. Der entsprechende Hamiltonoperator ergibt für den Rasba-Parameter $\alpha_R \propto \alpha \gamma$, wobei α den $\frac{1}{r}\frac{dV}{dr}$ Term der atomaren Spin-Bahn Aufspaltung beinhaltet. Damit gehen das Kernpotenzial wie auch das Oberflächenpotenzial in gleicher Weise ein.

Aktuelle *ab initio* Rechnungen auf DFT-Basis zeigen quantitative Übereinstimmung mit experimentellen Daten und liefern weitere Beiträge zum grundlegenden Verständnis und zu den Voraussetzungen für Rashba-aufgespaltene Zustände. Es stellte sich heraus, dass nicht nur der vorhandene Potenzialgradient, sondern auch die Asymmetrie der Wellenfunktion des aufgespaltenen Zustandes eine entscheidende Rolle spielt [42].

Ein weiters auf der Spin-Eigenschaft basiertes Phänomen in Festkörpern stellt der im folgenden Abschnitt beschriebene Magnetismus dar.

3.4 Magnetismus

Die umfassende konsistente Beschreibung des Magnetismus in Festkörpern stellt noch immer ein ungelöstes Problem der Festkörperphysik dar. Einfache Grenzfälle können zwar gut theoretisch beschreiben werden, jedoch fehlt eine umfassende Theorie. Der Ursprung des Magnetismus kann nicht vollständig im Rahmen der klassischen Physik beschrieben werden, dazu ist eine quantenmechanische Betrachtungsweise erforderlich. Insbesondere der Spin eines Elektrons taucht in der klassischen Theorie nicht auf.

Nicht die direkte Dipol-Dipol-Wechselwirkung der magnetischen Momente des Elektronenspins, die indirekte Spin-Bahn-Wechselwirkung oder der orbitale Anteil des Magnetismus, sondern die elektrostatische Elektron-Elektron-(Coulomb-)Wechselwirkung stellt die wichtigste Ursache magnetischer Wechselwirkung dar.

Für lokalisierte benachbarte Spins, die miteinander wechselwirken, gilt der Heisenberg-Hamiltonoperator

$$H^{spin} = -\sum J_{ij} \vec{S}_i \cdot \vec{S}_j \qquad (3.19)$$

mit der Austauschenergie J_{ij} und den Spinoperatoren $\vec{S}_{i,j}$. Die Austauschwechselwirkung zwischen den Spins wird durch die Coulomb-Wechselwirkung in Verbindung mit dem Pauli-Prizip verursacht. Diese quantenmechanische Beschreibung kann mit der reinen, klassisch zu verstehenden Coulomb-Wechselwirkung U nicht verstanden werden. Der Heisenberg-Hamiltonoperator gilt jedoch nur für lokalisierte magnetische Momente und ist in dieser Form somit nicht für Metalle mit delokalisierten Leitungselektronen geeignet. Als erste Näherung und Startpunkt für qualitative Betrachtungen dient sie dennoch in den meisten Fällen als eine gute Diskussionsgrundlage. Für $J_{ij} > 0$ ordnen sich die Spins parallel zueinander an und es wird von einer ferromagnetischen Ordnung gesprochen. Ist $J_{ij} < 0$ richten sich benachbarte Spins antiparallel zueinander aus und es entsteht eine antiferromagnetische Ordnung. Die einfachste Näherung um Gleichung (3.19) zu lösen ist die sogenannte „mean field" Näherung. Dabei wird das Produkt der Spinoperatoren durch ein Produkt einer der Spinoperatoren mit dem Erwartungswert der benachbarten Spinoperatoren ersetzt. Die Austauschwechselwirkung nimmt damit den Charakter eines effektiven Magnetfelds an, mit dem der betrachtete Spin wechselwirkt.

Für itinerante Elektronen wird oft das Stoner- oder Bandmodell des Magnetismus verwendet. Im einfachsten Fall wird die Zustandsdichte bzw. die Bandstruktur getrennt für beide Spinrichtungen betrachtet, welche um die „Austauschenergie" gegeneinander verschoben ist (siehe Abbildung 3.8). Durch die

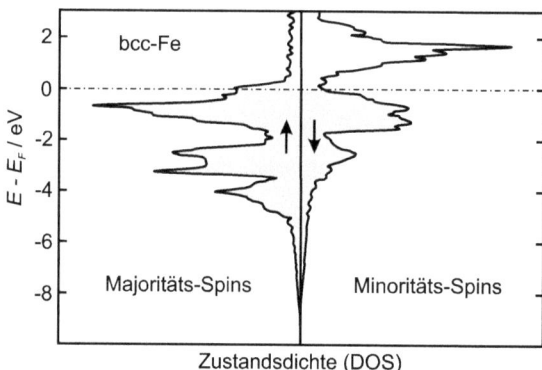

Abbildung 3.8: Mit LDA-ASW berechnete Zustandsdichte der Majoritäts- und Minoritäts-Ladungsträger von ferromagnetischem Eisen mit einer bcc Kristallstruktur. Die Form der spin-up(↑) und spin-down(↓) DOS ist in erster Näherung identisch. Beide DOS sind jedoch energetisch gegen einander verschoben, was in einem Überschuss an Majoritäts-Spins resultiert [43].

Korrelationsenergie der wechselwirkenden Elektronen mit gleichem Spin wird die potenzielle Energie des Systems durch eine Umverteilung der Spins gesenkt, was jedoch zu einer Erhöhung der kinetischen Energie führt. Ob ein ferromagnetischer Zustand stabil ist, bewertet das Stoner-Kriterium

$$I\, g(E_F) > 1, \tag{3.20}$$

wobei I die Korrelationsenergie und $g(E_F)$ die Zustandsdichte an der Fermienergie repräsentiert [43]. Dies ist für die typischen Bandmagnete Fe, Co und Ni der Fall. Ungeachtet dessen ist in realen Bandstrukturen die Austauschaufspaltung nicht für alle k-Werte und Bänder konstant.

Bis zu diesem Punkt wurde die Diskussion ohne Berücksichtigung der Temperatur des Systems geführt. Die magnetische Ordnung eines Systems findet makroskopisch Ausdruck in der Magnetisierung $\vec{M}$, welche das magnetische Moment pro Volumen angibt. Wird die Temperatur eines ferromagnetischen Systems sukzessiv erhöht, nimmt die Ordnung der Spins und somit $\vec{M}(T)$ ab. Bei der kritischen Temperatur T_c ist keine magnetische Ordnung mehr vorhanden und somit $\vec{M}(T > T_c) = 0$. Der funktionelle Zusammenhang

$$\vec{M}(T) \propto (T_c - T)^{\beta} \tag{3.21}$$

3.4. Magnetismus

für diesen Phasenübergang wird durch den Exponenten β charakterisiert. Für das „mean field"- und Stoner-Modell ergibt sich $\beta = \frac{1}{2}$, wobei experimentelle Werte für Volumenferromagnete sowie Werte aus einem dreidimensionalen Heisenberg-Modell im Bereich $\beta = \frac{1}{3}$ zu finden sind [44, 45].

Wie weiter oben ausgeführt, stellt die Hauptursache für ferromagnetisches Verhalten der Elektronenspin in Verbindung mit der Austauschwechselwirkung (Coulombabstoßung und Pauliprinzip) dar. Die Dipol-Dipol und Spin-Bahn Wechselwirkungen spielen gleichwohl eine große Rolle in der Bildung magnetischer Domänen und der magnetischen Anisotropie (*easy axis of magnetization*) in realen Festkörpern [46].

3.4.1 Magnetismus an Oberflächen

Grundlegende Einflüsse der Reduzierung der Dimensionalität auf die magnetischen Eigenschaften eines Systems können mit Hilfe des Stoner-Modells diskutiert werden. Das Stoner-Kriterium für die Existenz des Ferromagnetismus enthält zwei wichtige Größen. Zum einen die Zustandsdichte an der Fermienergie $g(E_F)$, die das magnetische Moment pro Atom bestimmt. Zum anderen die Korrelationsenergie (Stoner-Parameter) I, welche die Energieabsenkung durch die Austauschwechselwirkung beschreibt. I ist elementspezifisch und sollte in erster Näherung nicht von der Dimensionalität der Probe abhängen.

$g(E_F)$ dagegen hängt vom interatomaren Überlapp der Wellenfunktionen und damit von der Anzahl der nächsten Nachbarn ab. Somit ist $g(E_F)$ an Oberflächen und in dünnen Filmen im Vergleich zum Kristallvolumen modifiziert. Die Zustandsdichte ist eine direkte Eigenschaft der elektronischen Bandstruktur und kann für die eigenschaftsbestimmenden d-Bänder der typischen Bandferromagnete Fe, Co und Ni mit einem Tight-Binding-Modell verstanden werden. Bei oberflächennahen Atomen hat das Fehlen von Nachbaratomen einen geringeren Überlapp der Wellenfunktionen und somit eine Reduktion der Dispersion bzw. der Bandbreite zur Folge und erhöht somit die lokale Zustandsdichte nahe der Oberfläche. Für Cu d-Zustände wurde dieser Effekt sowohl experimentell als auch theoretisch nachgewiesen [47]. Da für Ferromagneten die Zustandsdichte an E_F den Überschuss an Majoritätsspinelektronen bestimmt, besitzen oberflächennahe Atomlagen in der Regel ein erhöhtes magnetisches Moment im Vergleich zum Volumenwert [48, 49, 50].

Im Falle von Nickel trifft dieser Effekt für die oberste Lage jedoch nicht zu, da die Majoritätszustände komplett unterhalb von E_F liegen und die DOS der Minoritätszustände direkt an der oberen Kante geschnitten werden (siehe

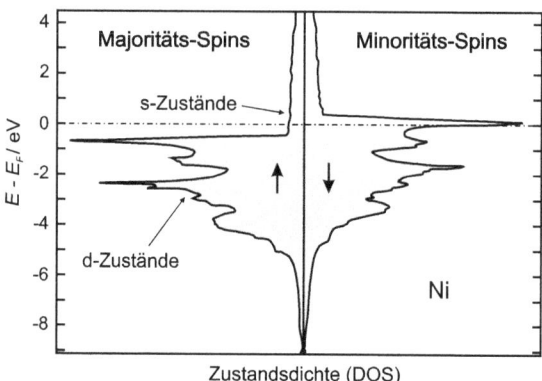

Abbildung 3.9: Berechnete Zustandsdichte der Majoritäts- und Minoritäts-Spins von ferromagnetischem Nickel. Die Majoritäts-d-Zustände liegen komplett unterhalb von E_F während die Minoritätszustände an der oberen Kante von der Fermienergie geschnitten werden. [51]

Abbildung 3.9). Dadurch resultiert eine Verschmälerung der Bänder nicht in einem Zuwachs der Majoritätsspins, sondern der Minoritätsspins, was eine Verringerung des magnetischen Moments der obersten Nickellage zur Folge hat [45, 50].

Abgesehen von Bandstruktureffekten spielen jedoch auch thermodynamische Prozesse eine Rolle. Das von parallel ausgerichteten benachbarten Spins erzeugte lokale magnetische Feld muss groß genug sein, um die magnetische Ordnung auch während thermischer Fluktuationen stabilisieren zu können. Durch die verringerte Anzahl von Nachbaratomen ist auch die thermische Stabilität der Magnetisierung herabgesetzt und T_c für Oberflächenatome sowie dünne Schichten wird kleiner. Mit sinkender Filmdicke reduziert sich T_c bei Nickel bis zum halben Volumenwert. Auch die funktionale Form der Temperaturabhängigkeit der Magnetisierung $\vec{M}(T)$ hängt jedoch von der Dimensionalität des Systems ab. Der kritische Exponent β (siehe Gleichung 3.21) für Nickelschichten dünner als vier Monolagen beträgt 0.125 und steigt mit wachsender Schichtdicke auf 0.35 für 20 ML [52].

Die symmetriebrechende Eigenschaft einer Oberfläche hat des Weiteren Auswirkungen auf die „magnetische Anisotropie" des Systems und somit auch auf die bevorzugte bzw. leichte Magnetisierungsrichtung (*easy axis of magnetization*). Die Dipol-Dipol Wechselwirkung zwischen den Spins begünstigt eine Magnetisierung parallel zur Oberfläche. Mit abnehmender Schichtdicke nimmt der Einfluss der Oberfläche zu und die Magnetisierungsrichtung ändert sich für dünner werdende Filme von senkrecht zu parallel zur Oberfläche [45].

Die oben diskutierten Einflüsse der Dimensionalität auf die magnetischen Eigenschaften eines Systems sind grundlegender Natur. Reale niederdimensionale magnetische Systeme sind sehr komplex und noch bei weitem nicht im Detail verstanden.

3.5 Struktur von Oberflächen

In den vorangegangenen Abschnitten wurde die Oberfläche als Symmetriebruch in einer Richtung bzw. in Form eines Oberflächenpotenzials eingeführt. Um eine Oberfläche zu erzeugen, wird im einfachsten Fall von einem unendlich ausgedehnten dreidimensionalen Kristall ausgegangen, der entlang einer Ebene gespalten wird. Dabei entstehen zwei halbunendliche Kristalle mit jeweils einer Oberfläche. Je nach Ausrichtung der Spaltebene im Verhältnis zur Einheitszelle des Kristalls, entstehen unterschiedliche Oberflächenstrukturen. So ist für ein kubisch flächenzentriertes (fcc) Kristallgitter die Oberfläche senkrecht zur [111]-Richtung diejenige mit der höchsten Packungsdichte, der geringsten Unebenheit und damit der größten Austrittsarbeit (3.1.2). Bleiben die Atompositionen an der Oberfläche unverändert zur Situation im Kristallvolumen, wird von einer volumenterminierten Oberfläche gesprochen. Durch die veränderte Bindungssituation aufgrund fehlender Nachbaratome ordnen sich die oberflächennahen Atome jedoch meist um. Diese Umordnung reicht von einer geringfügigen Relaxation der obersten Atomlage senkrecht zur Oberfläche bis zur langreichweitigen komplexen Umstrukturierung (Rekonstruktion) der kompletten Oberfläche.

3.6 Dichtefunktionaltheorie

Die Dichtefunktionaltheorie basiert auf einem Modell von Thomas und Fermi, das die Gesamtenergie eines elektronischen Systems als Funktional der Ladungsdichte beschreibt [53, 54]. Hohenberg und Kohn zeigten, dass der Grundzustand eines Systems ein Funktional der Dichte ist und das Funktional der Gesamtenergie durch die Grundzustandsdichte minimiert wird [55].

Wird nun ein effektives Einteilchenbild angenommen und die Wechselwirkung eines Elektrons mit den fixierten Atomkernen (Born Oppenheimer Näherung) und der Ladungsdichte $\rho(\vec{r})$ der restlichen Elektronen betrachtet, kann nach Kohn und Sham eine, der Schrödingergleichung ähnliche Gleichung mit den Eigenwerten E_j und den Eigenfunktionen $\psi_j^{KS}(\vec{r})$ formulieren werden [56]:

$$\left[-\frac{\hbar^2}{2m_e}\nabla^2 + V_{eff}\right]\psi_j^{KS}(\vec{r}) = E_j\,\psi_j^{KS}(\vec{r}). \qquad (3.22)$$

Dabei ist jedoch zu beachten, dass es sich bei E_j und $\psi_j^{KS}(\vec{r})$ um Größen ohne physikalische Bedeutung handelt, welche nicht mit den Energieeigenwerten und Wellenfunktionen aus der Schrödingergleichung verwechselt werden dürfen. Das effektive Potenzial V_{eff} ist ein Funktional der Elektronendichte und gegeben durch

$$V_{eff}\big[\rho(\vec{r})\big](\vec{r}) = V_{e\text{-}K}(\vec{r}) + \int \frac{\rho(\vec{r})}{|\vec{r}-\vec{r}\,'|}\,\mathrm{d}^3\vec{r}\,' + V_{xc}. \qquad (3.23)$$

Dabei repräsentiert $V_{e\text{-}K}$ die Coulomb-Wechselwirkung mit den Kernen, der zweite Summand die Coulomb-Wechselwirkung mit der Elektronendichte $\rho(\vec{r})$. V_{xc} steht für das sogenannte Austausch-Korrelationspotenzial, welches durch die Ableitung der Austausch-Korrelationsenergie E_{xc} nach der Elektronendichte $\rho(\vec{r})$ gegeben ist.

$$V_{xc}\big(\vec{r},\rho(\vec{r})\big) = \frac{\delta E_{xc}[\rho(\vec{r})]}{\delta\rho(\vec{r})} \qquad (3.24)$$

E_{xc} beinhaltet alle nicht durch die anderen Terme in Gleichung (3.23) abgedeckten Energiebeiträge.

Durch ein iteratives Verfahren können nun aus einer Startannahme für die Elektronendichte $\rho^{(0)}(\vec{r})$ und einem gegebenen effektiven Potenzial $V_{eff}\big[\rho(\vec{r})\big](\vec{r})$ die Energie des Systems aus den Eigenwerten E_j mit

$$E_{sys}^{(0)} = \sum_j E_j^{(0)} \qquad (3.25)$$

sowie die Zustandsfunktionen $\psi_j^{KS,(0)}(\vec{r})$ und damit eine neue Dichte

$$\rho^{(1)}(\vec{r}) = \sum_j \big|\psi_j^{KS,(0)}(\vec{r})\big|^2 \qquad (3.26)$$

berechnet werden. Dieses Verfahren wird bis zu einem Konvergenzkriterium fortgeführt.

Die daraus selbstkonsistent ermittelte Elektronendichte entspricht nun der Gesamtelektronendichte des Vielteilchensystems im Grundzustand. Woraus

3.6. Dichtefunktionaltheorie

nach Hohenberg und Kohn wiederum weitere Observablen des Systems, wie die Grundzustandsenergie E_{tot}, bestimmt werden können. Aus E_{tot} lassen sich wiederum die Kräfte auf die Atome $\vec{F}_K = \nabla_{\vec{R}} E_{tot}$ am Ort $\vec{R}$ im Vielteilchensystem berechnen und durch Variation der Atompositionen (Relaxation) und Neuberechnung von $\rho(\vec{r})$, E_{tot} minimieren. Auf diese Weise lässt sich das System im thermodynamisch stabilen Grundzustand berechnen.

Die genaue Form des Austausch-Korrelationspotenzials V_{xc} in Abhängigkeit der Dichte ist nicht bekannt. Hier setzen verschiedene Näherungen an. Wird von einer räumlich schwach variierenden Dichte $\rho(\vec{r})$ ausgegangen, kann V_{xc} in Gradienten verschiedener Ordnung entwickelt werden. Bei einem Abbruch nach der nullten Ordnung, ergibt sich eine analytische Funktion, die nur von der lokalen Dichte $\rho(\vec{r})$ abhängt und als lokale Dichte Näherung (LDA) bezeichnet wird. Mit der zusätzlichen Berücksichtigung des Gradienten der Dichte $\nabla \rho(\vec{r})$ erschließen sich weitere Näherungsmethoden (**G**eneral **G**radient **A**pproximation GGA).

Die Periodizität des Kristallgitters lässt sich auch in der Dichtefunktionaltheorie ausnutzen, um nicht alle 10^{23} Elektronen berechnen zu müssen. Durch die periodischen Randbedingungen gilt $V_{eff}(\vec{r}) = V_{eff}(\vec{r}+\vec{R})$ und die Eigenfunktionen $\psi_j^{KS}(\vec{r})$ werden zu $\psi_{j,\vec{k}}^{KS}(\vec{r})$. Dabei ist $\vec{k}$ die Quantenzahl des Wellenvektors, die wiederum auf eine Brillouinzone reduziert werden kann. Obwohl $\psi_{j,\vec{k}}^{KS}(\vec{r})$ und $E_j(\vec{k})$ keine physikalische Bedeutung besitzen, sondern nur Hilfsgrößen (Lagrangeparameter) zur Berechnung von $\rho(\vec{r})$ darstellen, werden sie oft als Wellenfunktion und Banddispersion interpretiert. Dies stimmt meist erstaunlich gut mit experimentellen Ergebnissen überein.

Die Theoreme von Hohenberg und Kohn, und somit auch die DFT, galten ursprünglich nur für nichtentartete Grundzustände in Abwesenheit von Magnetfeldern, können jedoch verallgemeinert werden. Um magnetische Grundzustände wie den Ferro- und Antiferromagnetismus zu beschreiben, werden die Dichten der zwei Spinrichtungen $\rho_\uparrow$ und $\rho_\downarrow$ in der Spindichtefunktionaltheorie berücksichtigt. Auch relativistische Effekte, wie die Spin-Bahn Wechselwirkungen, können durch Addition des entsprechenden Operators, in diesem Fall des Spin-Bahn-Operators, zur Schrödingergleichung berücksichtigt werden, welche dann zweikomponentig wird. Zur Berechnung von realen Systemen existieren kommerzielle Programme, wie das auch für diese Arbeit verwendete WIEN2k.

Slab-Rechnungen der elektronischen Struktur

Für die Berechnung der elektronischen Struktur von Grenzflächen kann die DFT ebenfalls genutzt werden. Die für die Beschreibung eines unendlich ausgedehnten Festkörpers notwendige Periodizität in alle Raumrichtungen ist durch die Berücksichtigung einer Grenzfläche in der Richtung senkrecht dazu gebrochen. Das Problem kann jedoch umgangen werden, indem die Einheitszelle des Festkörpers durch einen sogenannten „slab" ersetzt wird. Dieser setzt sich aus mehreren entlang der Oberflächennormalen aneinandergereihten Einheitszellen des Festkörpers und Vakuumlagen auf beiden Seiten zusammen. Sind die Vakuumschichten groß genug, entspricht der slab einer neuen künstlichen Einheitszelle, welche einen Film mit zwei Oberflächen beschreibt. Die periodischen Randbedingungen können damit erfüllt und die elektronische Struktur mittels DFT berechnet werden („slab layer"-Rechnungen). Je weiter die beiden Oberflächen voneinander entfernt sind und je größer die Vakuumschicht ist, desto näher kommt das Ergebnis einem Festkörper mit zwei Oberflächen. Der Rechenaufwand steigt jedoch mit der Anzahl der Atome in der Einheitszelle mit der dritten Potenz, weswegen ein Mittelweg gefunden werden muss. Der slab muss gerade noch groß genug gewählt werden, um die gegenseitige Beeinflussung der beiden Oberflächen vernachlässigen zu können. Die Berechnung eines halbunendlichen Festkörpers mit nur einer Oberfläche ist wegen der periodischen Randbedingungen mit der slab-Methode nicht möglich. Es existieren jedoch weitere Methoden wie die Decimationsmethode, Layer-KKR oder Embedding, welche dies ermöglichen. Es sei darauf hingewiesen, dass es sich bei den mit einer slab-layer-Rechnung ermittelten Zuständen ausschließlich um Quantentrogzustände handelt, da der slab einen dünnen Film beschreibt. Um Volumen- von Oberflächenstrukturen unterscheiden zu können, ist deshalb der Vergleich mit einer Volumenrechnung ohne Oberflächen notwendig.

Mit der slab-layer-Methode können auch Adsorbatsysteme beschrieben werden, indem auf beiden Seiten des slabs Adsorbatmonolagen aufgebracht werden. Dabei muss der slab gegebenenfalls auch lateral vergrößert werden, falls eine Überstruktur des Adsorbates dies verlangt, was jedoch die Rechenzeit selbstverständlich erheblich erhöht.

3.7 Der KKR Formalismus

Eine weitere Möglichkeit die Schrödingergleichung zu lösen und damit die Bandstruktur von Festkörpern zu bestimmen, basiert auf der Vielfachstreu-

3.7. Der KKR Formalismus

theorie und wurde 1947 von Korringa [57] bzw. 1954 von Kohn und Rostoker [58] eingeführt, woher auch der Name KKR-Formalismus rührt. Das Problem wird dabei in zwei Teile aufgespalten, zum einen dem Problem der Einfachstreuung an einem Potenzial im freien Raum und zum anderen dem Vielfachstreuproblem, bei dem jede auf ein Potenzial treffende Welle die Summe der ausgehenden Wellen der anderen Potenziale ist. Die resultierenden Gleichungen zeigen die für eine KKR-Rechnung charakteristische Trennung struktureller und potenzialabhängiger Eigenschaften [59, 60].

Obwohl die ursprüngliche KKR-Methode nicht sehr weit verbreitet war, erlebte sie als Greensche Funktion-Methode einen Aufschwung. Bei dieser Methode wird anstelle der Eigenwerte und Wellenfunktion der Schrödingergleichung die Greensche Funktion des Systems berechnet, welche alle wichtigen Informationen über ein System enthält. Der einzige effektive Weg die Greensche Funktion $G(E)$ eines Systems zu berechnen besteht darin, sie mit der Greenschen Funktion eines bekannten Systems $G^0(E)$ in Verbindung zu bringen, wobei $G(E)$ und $G^0(E)$ durch die Dyson-Gleichung

$$G(E) = G^0(E) + G^0(E) V G(E) \coloneqq G^0(E) + G^0(E) T G^0(E) \qquad (3.27)$$

miteinader verknüpft sind. Dabei ist V das Differenzpotenzial zwischen den beiden Systemen. Der Streuoperator T wird so definiert, dass nur noch das Referenzsystem auf der rechen Seite verbleibt. Die weiteren Berechnungen konzentrieren sich nun auf die Bestimmung von T.

Im Gegensatz zu Pseudopotenzialmethoden berücksichtigt die KKR-Methode alle Elektronen. Periodische Systeme können durch Fouriertransformation der entsprechenden Größen behandelt werden. Die KKR-Methode kann sowohl im Real- als auch im $\vec{k}$-Raum formuliert werden. Dies kann unter anderem für niederdimensionale Systeme wie Ober- und Grenzflächen genutzt werden, indem eine Richtung im Realraum, die beiden periodischen jedoch im $\vec{k}$-Raum berechnet werden. Es resultiert immer die Greensche Funktion des Systems, aus der beispielsweise die Ladungsdichte oder die Magnetisierung berechnet werden kann.

Kapitel 4

SHOCKLEY-ZUSTAND DER AU(110)-OBERFLÄCHE

4.1 Einleitung

Wie bereits in Abschnitt 3.1.5 erwähnt, entstehen Shockley-Zustände in invertierten Bandlücken der auf die Oberfläche projizierten Bandstruktur. Sie werden auf verschiedenen Metalloberflächen, wie den gut untersuchten (111)-Oberflächen der Edelmetalle Cu, Ag und Au beobachtet [39, 61, 62, 63], wo sie durch ihre Lokalisierung in den obersten Atomlagen eines der wichtigsten zweidimensionalen elektronischen Modellsysteme bilden. Die fast perfekt parabolische Dispersion parallel zur Oberfläche $E(k_\parallel)$ repräsentiert das Verhalten eines quasi-freien Elektronengases und kann durch die maximale Bindungsenergie E_0 und die effektive Masse $m^\star$ bzw. den Fermivektor k_F parametrisiert werden. Ihre starke Oberflächenlokalisierung hat weiterhin zur Folge, dass Shockley-Zustände sensitiv auf extrinsische Oberflächenveränderungen wie Adsorbate oder Rekonstruktionen reagieren [63, 64, 65, 66, 67, 68, 69]. Die Adsorption einer Monolage Silber auf Cu(111) führt beispielsweise zu zwei verschiedenen (9×9) Oberflächenrekonstruktionen und in der Folge zu unterschiedlichen Bindungsenergien der Shockley-Zustände von $E_0 = -310\,\text{meV}$ für die Moiré-Struktur und -241 meV für die Dreiecksstruktur [70].

Für die (110)-Oberflächen von Cu, Ag und Au werden ebenfalls Shockley-Zustände desselben Ursprungs mit den gleichen Eigenschaften erwartet. Aufgrund der unterschiedlichen Projektionsrichtung der Volumenzustände auf die verschiedenen Oberflächenbrillouinzonen (SBZ) befindet sich jedoch die, für die (111)-Oberflächen am $\overline{\Gamma}$-Punkt liegende, den Shockley-Zustand bein-

Kapitel 4. Shockley-Zustand der Au(110)-Oberfläche

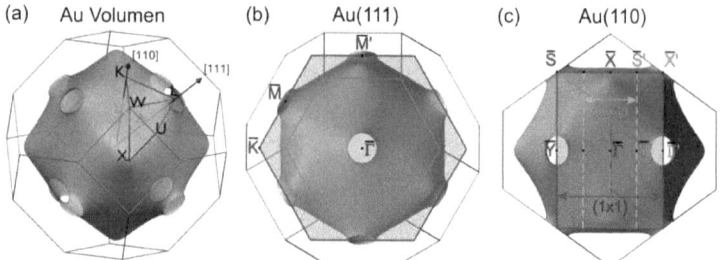

Abbildung 4.1: Dreidimensionale Brillouinzone mit der Fermifläche von Gold [71] aus verschiedenen Blickwinkeln mit eingezeichneten Hochsymmetriepunkten. Die Projektion der in (a) gezeigten Volumenbrillouinzone in eine Richtung resultiert in der entsprechenden Oberflächenbrillouinzone (SBZ) (rot), hier gezeigt für (b) Au(111) und (c) Au(110).

haltende L-Bandlücke, bei der Projektion auf die (110)-Flächen am SBZ-Rand bzw. am $\overline{Y}$-Punkt (siehe Abbildung 4.1). Obwohl deren Existenz sowohl für Cu(110) als auch für Ag(110) nachgewiesen wurde [72, 73], existieren für den besetzten Shockley-Zustand der Au(110)-Oberfläche widersprüchliche Angaben in der Literatur [74, 75, 76]. Während Heimann *et al.* [74] und Courths *et al.* [75] einen OFZ am $\overline{Y}$-Punkt der SBZ mit einer Bindungsenergie von $E_0 \approx 0.1\,\text{eV}$ beschreiben, konnten Sastry *et al.* keinen OFZ bei $\overline{Y}$ auf der Au(110)-Oberfläche detektieren.

Der offensichtliche Unterschied zwischen Au(110) und den übrigen Edelmetallen ist ein spannendes Thema und manifestiert sich in verschiedenen Bereichen. Es ist bekannt, dass die Au(111)-Oberfläche in einer Fischgrätenstruktur rekonstruiert, die auch den Shockley-Zustand beeinflusst [63], während Cu(111) und Ag(111) wie auch ihre (110)-Oberflächen keine Rekonstruktion zeigen [72, 73, 77, 78]. Desweiteren ist beim Shockley-Zustand der Au(111)-Oberfläche eine Rashba-Aufspaltung messbar (siehe Abschnitt 3.3), welche auch im Falle von Au(110) in vergleichbarer Größenordnung erwartet werden kann.

In diesem Kapitel wird nun die Au(110)-Oberfläche [74, 75], ihre Oberflächenrekonstruktion [76, 79, 80] sowie deren Einfluss auf den Shockley-Zustand näher untersucht. Um zusätzliche Informationen zu erhalten, werden Natrium und Silber, deren Einfluss auf vergleichbare Systeme bekannt ist, als Adsorbate zur gezielten Manipulation des OFZ benutzt. Wie für die Systeme Na/Au(111) [66] und Na/Cu(111) [64] gezeigt wurde, erzeugen Submonolagenbedeckungen von Alkaliatomen durch Elektronenabgabe und Austrittsarbeitsänderung eine kontinuierliche Verschiebung des Shockley-Zustandes zu größeren Bindungsenergien. Adsorption von Silbermonolagen hingegen führt zu einer diskreten Verschiebung des Oberflächenzustandes in Richtung der Bindungsenergie einer sauberen Ag(111)-Oberfläche, wie schon für Ag/Au(111) und Ag/Cu(111) gezeigt wurde [65, 68]. Ein Großteil der in diesem Kapitel gezeigten Ergebnisse sind in Ref. [81] und [82] veröffentlicht.

Es ist bekannt, dass die Au(110)-Oberfläche bei Raumtemperatur in einer (1×2)-missing-row-Struktur rekonstruiert [76, 79, 80]. In Abbildung 4.1(c) ist die SBZ einer (110)-Oberfläche dargestellt (rot). Bildet sich eine (1×2)-Rekonstruktion (blau), halbiert sich die kurze Strecke der SBZ in $\overline{\Gamma Y}$-Richtung, wodurch der $\overline{Y}$-Punkt der unrekonstruierten (1×1) SBZ zum neuen $\overline{\Gamma'}$-Punkt der (1×2)-rekonstruierten SBZ wird. In Bezug zu $\overline{\Gamma}$ (Normalemission) liegen $\overline{Y}$ und $\overline{\Gamma'}$ bei $k_x=0.77$ Å^{-1}. Alle Hochsymmetriepunkte der rekonstruierten Oberfläche sind im Folgenden mit einem Strich gekennzeichnet.

4.2 Experimentelle Details

Die Messungen an Au(110) wurden sowohl an der Undulator-Beamline (BL-1) am Synchrotron (HiSOR) in Hiroshima (Japan), mit einem Scienta SES 200 Analysator und p-polarisiertem Licht mit einer Photonenenergie $h\nu$=40-60 eV [83], als auch im Photoemissionslabor in Würzburg (siehe Abschnitt 2.2.1) durchgeführt.

Für die Präparation der unrekonstruierten Au(110)-Oberflächen wurden neue, mechanisch polierte Einkristalle der Firma Mateck GmbH verwendet. Diese wurden *in situ* mit milden Sputter-Heiz-Zyklen behandelt, bestehend aus einem Beschuss der Probe mit einem Ar$^+$-Strahl geringer Intensität und einer kinetischen Energie der Ionen von 1-2 keV und anschließendem Tempern bei einer Temperatur von 400°C. Die Präparation der (1×2)-rekonstruierten Oberfläche bestand dagegen aus intensiven Sputter-Heiz-Zyklen mit einer 50-fach höheren Teilchenflußdichte des benutzten Ar$^+$-Strahls und einer kinetischen Energie der Ionen von 1.5 keV und anschließendem Tempern bei 500°C für 20 min. Nach der Präparation wurde die Reinheit der Probenoberfläche jewels mit AES (**A**uger **e**lectron **s**pectroscopy), XPS oder UPS kontrolliert. Die Oberflächenstruktur wurde mit Hilfe von LEED-Messungen und der Auswertung der Periodizität von mit ARPES gemessenen FSM ermittelt.

Zur Adsorption der Ag-Filme wurde das Metall aus einer resistiv geheizten Effusionszelle bei einer konstanten Tigeltemperatur von T=1200°C mit einer

Depositionsrate von ungefähr 0.3 ML/min verdampft. Die Probentemperatur zu Beginn des Aufdampfprozesses betrug T≈200 K. Um glatte, wohlgeordnete Filme zu erhalten, wurde die Probe nach der Ag-Deposition auf der Probengarage für 10 min auf Raumtemperatur erwärmt. Für die Adsorption von Natrium wurde die auf T≈70 K gehaltene Probe für mehrere Sekunden unter einem Na-Dispenser der Firma SAES-Getters exponiert. Die mit XPS-Messungen abgeschätzte Depositionsrate des Na-Dispensers betrug ca. 0.01 ML/s.

4.3 Elektronische Struktur von Au(110)

Die ARPES-Messungen an sauberem, unrekonstruiertem Au(110) mit p-polarisiertem Licht der Energie $h\nu=50$ eV zeigen einen parabolischen Shockley-Zustand in einer kaum sichtbaren Volumenbandlücke. In Abbildung 4.2 (c) ist die farbcodierte ARPES-Intensität als Funktion der Energie relativ zur Fermienergie E-E_F und des Wellenvektors k_y dargestellt. Dabei ist die Messrichtung k_y entlang $\overline{YS}$ gewählt. Die Anpassung einer Parabel an die Dispersion liefert eine minimale Energie (→ maximale Bindungsenergie) von $E_0 = (-590 \pm 5)$ meV am $\overline{Y}$-Punkt und eine effektive Masse in $\overline{YS}$-Richtung von $m^* = (0.25 \pm 0.01)\, m_e$. Da der Shockley-Zustand von Au(110), im Gegensatz zum OFZ der (111)-Oberfläche, keine zylindrische Symmetrie besitzt, ist die effektive Masse entlang $\overline{YS}$ maximal und entlang $\overline{YT}$ minimal. In $\overline{YT}$-Richtung wurde m^* zu $(0.13 \pm 0.01) m_e$ abgeschätzt. Um die Zweidimensionalität des Zustandes zu überprüfen, wurden ebenfalls ARPES-Messungen bei weiteren Anregungsenergien durchgeführt ($h\nu=[40\text{-}60]$ eV), wobei keine Änderungen der Bindungsenergie festgestellt werden konnten. Daraus lässt sich schließen, dass der beobachtete Shockley-Zustand keine $k_\perp$-Dispersion besitzt und es sich damit um einen Zustand mit zweidimensionalem Charakter handelt.

Die Präparation mit intensiveren Sputter-Heiz-Zyklen führte, wie oben beschrieben, zu einer wohl geordneten (1×2)-missing-row-rekonstruierten Oberfläche. ARPES-Messungen mit He I$_\alpha$ und He II$_\alpha$, gezeigt in Abbildung 4.2 (a) bzw. 4.2 (b), zeigen keinen besetzten Shockley-Zustand bei $\overline{\Gamma'}$, sondern eine ausgeprägte, leere Volumenbandlücke mit scharfen, gut erkennbaren Bandkanten. Die beiden oberen EDCs in Abbildung 4.2 (d), entnommen bei $\overline{Y'} = \overline{\Gamma'}$ ($k_y=0$ Å^{-1}, $k_x=0.77$ Å^{-1}), zeigen die leere Bandlücke mit einer Bandkante bei einer Energie von ca. -1 eV. Aufgrund der (1 × 2)-Rekonstruktion wird der ehemalige $\overline{Y}$-Punkt zu $\overline{\Gamma'}$ und die elektronischen Zustände von $\overline{Y}$ sollten auf $\overline{\Gamma}$ rückgefaltet werden und umgekehrt. Tatsächlich zeigen ARPES-Messungen

4.3. Elektronische Struktur von Au(110)

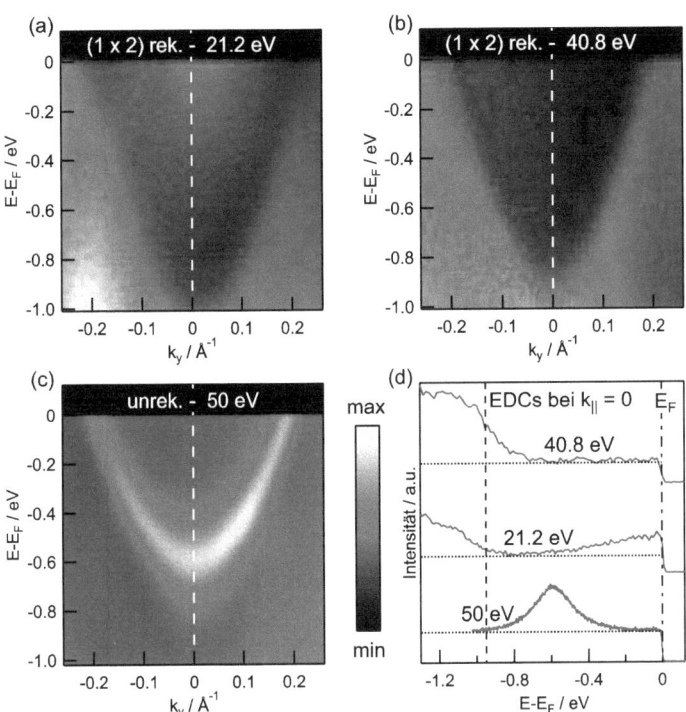

Abbildung 4.2: ARPES-Daten sauberer Au(110)-Oberflächen als Funktion von Energie $E-E_F$ und Wellenvektor k_y entlang $\overline{S} \leftarrow \overline{Y} \rightarrow \overline{S}$ (unrek.) bzw. $\overline{X'} \leftarrow \overline{\Gamma'} \rightarrow \overline{X'}$ ((1 × 2)-rek.). Die Photoemissionsintensität $\mathcal{I}(E, k_y)$ ist farbkodiert dargestellt (hohe Intensitäten erscheinen hell). Die ARPES-Daten einer (1 × 2)-rekonstruierten Oberfläche zeigen sowohl für (a) He I$_\alpha$ ($h\nu=21.2\,\mathrm{eV}$) als auch (b) He II$_\alpha$ ($h\nu=40.8\,\mathrm{eV}$) eine ausgeprägte Bandlücke ohne OZF. (c) Eine nicht rekonstruierte Oberfläche, gemessen mit $h\nu=50\,\mathrm{eV}$, zeigt einen parabelförmigen OFZ in einer kaum erkennbaren Bandlücke. (d) EDCs bei $k_y=0$ ($\overline{\Gamma'}$ oder $\overline{Y}$), entnommen aus (a)-(c) entlang der gestrichelten Linien. E_F wird durch eine strichpunktierte, die Volumenbandkante durch eine gestrichelte und der Untergrund durch eine gepunktete Linie markiert.

von (1 × 2)-rekonstruiertem Au(110), im Gegensatz zur unrekonstruierten Oberfläche, die beobachtete Bandlücke auch bei Normalemission. Die unterste Kurve in Abbildung 4.2 (d) entspricht einem EDC bei $\overline{Y}$, welcher den Shockley-Zustand von unrekonstruiertem Au(110) zeigt. Die volle Halbwertsbreite (FWHM → **f**ull **w**idth at **h**alf **m**aximum) des Zustands ist mit ca. 250 meV sehr groß, was auf eine nicht perfekte Oberfläche mit vielen Stufenkanten und Defekten zurückzuführen sein könnte [84]. Unterstützt wird diese Vermutung durch die relativ hohe Intensität des Untergrundes innerhalb der Bandlücke. Allerdings könnten diese Defekte auch große Bereiche der Probenoberfläche in ihrem unrekonstruierten Zustand stabilisieren. Es sei angemerkt, dass sich die saubere unrekonstruierte Au(110)-Oberfläche bei gleichbleibenden Präparationsbedingungen in höchstem Maße reproduzierbar mit unveränderter Fermifläche und Dispersion des Shockley-Zustandes zeigt. Berechnete Oberflächenenergien, sowohl von unrekonstruiertem als auch von (1 × 2)-rekonstruiertem Au(110), sind in Ref. [85] und den darin enthaltenen Referenzen zusammengefasst. Die Differenzen zwischen unrekonstruiertem und (1 × 2)-rekonstruiertem Au(110) reichen dabei von -0.58 bis -5 meV/Å^2.

Wie bereits erwähnt wurde, besitzt Au aufgrund der hohen Atommasse eine große Spin-Bahn(SO)-Wechselwirkung. Diese führt in Verbindung mit der durch die Oberfläche gebrochene Inversionssymmetrie im Shockley-Zustand der Au(111)-Oberfläche zu einer messbaren k-abhängigen SO-Aufspaltung (Rashba-Effekt, siehe Abschnitt 3.3). Die Au(111) Oberfläche kann mit großen Terrassen und wenigen Defekten präpariert werden, was sich in einer kleinen Linienbreite (FWHM bei $\overline{\Gamma}$ = 27 meV) nieder schlägt und es ermöglicht, die Rashba-Aufspaltung mit ARPES aufzulösen [62]. Es ist zu erwarten, dass der Shockley-Zustand von unrekonstruiertem Au(110) eine vergleichbare Aufspaltung zeigt. In unseren ARPES-Messungen konnte jedoch keine Aufspaltung aufgelöst werden, da die aus dem EDC bei $\overline{Y}$ ermittelte FWHM von ΔE = 250 meV, bzw. die aus einem MDC bei E_F ermittelte von Δk = 0.42 Å^{-1}, in diesem Fall zu groß ist. Die Größe der erwarteten Rashba-Aufspaltung des Shockley-Zustandes der Au(110)-Oberfläche kann mit früheren Rechnungen [86, 87] nicht abgeschätzt werden, da in diesen keine Spin-Bahn-Aufspaltung berücksichtigt wurde. Aktuelle [37], sowie unsere eigenen Rechnungen ermöglichen dies jedoch.

Abbildung 4.3 zeigt Fermiflächen, erzeugt aus (a) LDA-slab-layer-Rechnungen (WIEN2k) des OFZ von unrekonstruiertem Au(110), (b) ARPES-Daten von unrekonstruiertem Au(110) ($h\nu$=50 eV) und (c) ARPES-Daten von (1 × 2)-rekonstruiertem Au(110) ($h\nu$=21.2 eV). Die Photoemissionsintensität ist dabei farbcodiert dargestellt und als Funktion der Wellenvektorkomponenten k_x und k_y aufgetragen. Hochsymmetriepunkte sind als Schnittpunkte der

4.3. Elektronische Struktur von Au(110)

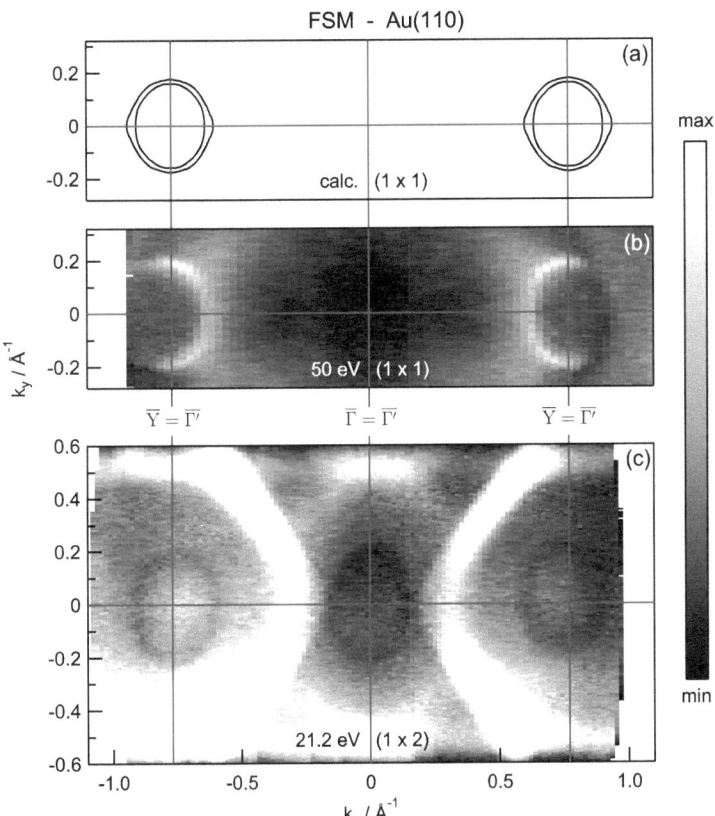

Abbildung 4.3: Fermiflächen erzeugt aus (a) LDA-slab-layer-Rechnungen (WIEN2k) von unrekonstruiertem Au(110), (b) ARPES-Daten von unrekonstruiertem Au(110) ($h\nu=50\,\text{eV}$) und (c) ARPES-Daten von (1×2)-rekonstruiertem Au(110) ($h\nu=21.2\,\text{eV}$). Die ARPES-Intensitäten sind farbkodiert dargestellt (hohe Intensität erscheint hell) und Hochsymmetrierichtungen durch blaue Linien markiert. Die verdoppelte Periodizität der SBZ für die (1×2)-Rekonstruktion ist in $\overline{\Gamma Y}$-Richtung (k_x) deutlich erkennbar.

blauen Linien gekennzeichnet und zwischen den experimentellen FSM beschriftet. Die FSM von unrekonstruiertem Au(110) [Abbildung 4.3 (a) und (b)] decken eine komplette Brillouinzone in $\overline{\Gamma Y}$-Richtung ab und zeigen den Shockley-Zustand als helle Ellipsen um $\overline{Y}$ mit der großen Halbachse entlang $\overline{YS}$ (→ maximale Bandmasse). Durch Matrixelementeffekte aufgrund des p-polarisierten Lichts (siehe Gleichung (2.2)) erscheinen jedoch die äußeren Bereiche dunkel. Um $\overline{\Gamma}$ sind wiederum keinerlei konkrete Strukturen erkennbar, weder ein ausgeprägter elektronischer Zustand noch eine Bandlücke. Damit ist die Periodizität der FSM der kompletten (unrekonstruierten) SBZ ein Beleg für eine unrekonstruierte Au(110)-Oberfläche. Im Gegensatz dazu zeigt die in Abbildung 4.3 (c) gezeigte FSM der (1×2)-rekonstruierten Oberfläche die doppelte Periodizität in $\overline{\Gamma Y}$-Richtung im Vergleich zur unrekonstruierten SBZ. Hierbei sind die Bandlücken an allen drei sichtbaren $\overline{\Gamma}'$-Punkten deutlich zu erkennen. Die hellen Strukturen, welche die FSM kreuzen, sind sp-Volumenbänder. Sie werden durch die Oberflächenrekonstruktion zwar zurückgefaltet, doch besitzen die rückgefalteten Bänder eine niedrige Intensität, da ihre Wellenfunktionen nur ein geringes Gewicht an der Oberfläche besitzen wo die Rekonstruktion statt findet.

4.4 LDA-slab-layer-Rechnungen

Um den Einfluss der Oberflächenmorphologie auf den Shockley-Zustand von Au(110) im Hinblick auf die energetische Lokalisierung zu klären und zu überprüfen ob eine eventuell vorhandene Rashba-Aufspaltung mit unserer experimentellen Auflösung prinzipiell nachgewiesen werden kann bzw. vergleichbar mit der Aufspaltung des OFZ von Au(111) ist, führten wir mit Hilfe des WIEN2k-Programmpakets relativistische, selbstkonsistente LDA-slab-layer-Rechnungen sowohl für die (1×2) als auch für die unrekonstruierte Au(110)-Oberflächen durch. Der benutzte slab besteht aus 21 Au-Lagen, umgeben von einer 19 Å dicken Vakuumregion (siehe Abbildung 4.4 (c)). Die SO-Aufspaltung des OFZ kann durch einen Vergleich von relativistischen (mit SO) und skalar-relativistischen (ohne SO) Rechnungen abgeschätzt werden, da immer eine künstliche Aufspaltung durch störende Wechselwirkungen der beiden Oberflächen des endlichen slabs vorhanden ist. Die Rechnungen wurden entlang der Hochsymmetrierichtungen der unrekonstruierten und (1×2)-rekonstruierten Oberflächen durchgeführt. Abbildung 4.4 zeigt die berechnete Bandstruktur von (a) unrekonstruiertem sowie (b) (1×2)-rekonstruiertem Au(110). Die Durchmesser der Kreise geben dabei den Betrag des Oberflächencharakters der elektronischen Zustände an. Am $\overline{Y}$-Punkt

4.4. LDA-slab-layer-Rechnungen

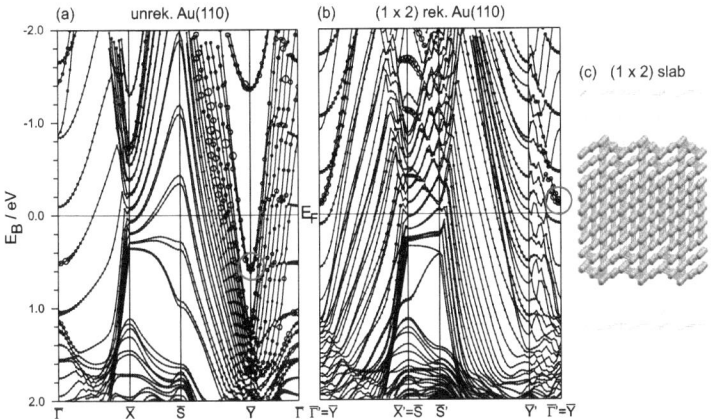

Abbildung 4.4: LDA-slab-layer-Rechnungen (WIEN2k) für (a) unrekonstruiertes und (b) (1×2)-rekonstruiertes Au(110). Die Durchmesser der Kreise zeigt den Oberflächencharakter der Zustände an. Die roten Kreise markieren OFZ bei $\overline{Y}$ bzw. $\overline{\Gamma'}$. (c) Benutzter slab für die (1 × 2)-rekonstruierte Oberfläche.

der unrekonstruierten Oberfläche befindet sich ein Band unterhalb von E_F, welches einen hohen Oberflächencharakter und großen Abstand zu den anderen Bändern bei einer maximalen Bindungsenerige von $E_0 = (-607 \pm 5)$ meV besitzt (markiert durch einen roten Kreis in Abbildung 4.4 (a)). Der angegebene Fehler wurde von den Unsicherheiten aufgrund des endlichen slabs abgeleitet. Dieses Ergebnis stimmt mit den Rechnungen von Liu et al. [86] überein, welche ebenfalls einen OFZ knapp unterhalb E_F auf einer idealen unrekonstruierten Au(110)-Oberfläche vorhersagen. Wie weiter oben bereits erwähnt wurde, berechneten wir auch die FSM des Spin-Bahn aufgespaltenen OFZ von Au(110), gezeigt in Abbildung 4.3 (a), welche gut mit unseren ARPES-Messungen (b) übereinstimmt. Die Ausbeulung in $\overline{\Gamma Y}$-Richtung stellt dabei ein Artefakt dar, das auf die endliche Ausdehnung des slabs zurückzuführen ist. Die berechnete Spin-Bahn-Aufspaltung in $\overline{YS}$-Richtung ist mit $\Delta k = (0.005 \pm 0.01)$ Å^{-1} klein im Vergleich zur gemessenen Aufspaltung des Shockley-Zustandes auf Au(111) von $\Delta k = (0.024 \pm 0.01)$ Å^{-1} [67]. Dabei wurde die berechnete Aufspaltung um die künstliche, durch die endliche Ausdehnung des slabs erzeugte, Aufspaltung korrigiert. Da die k-Auflösung des benutzten Spektrometers für He I$_\alpha$ $\Delta k \approx 0.01$ Å^{-1} beträgt, kann die berechnete Aufspaltung in $\overline{YS}$-Richtung in unseren Messungen nicht aufgelöst werden.

Aufgrund der Halbierung der SBZ in $\overline{\Gamma Y}$-Richtung der (1 × 2)-missing-row-rekonstruierten Oberfläche wird der ehemalige $\overline{Y}$-Punkt zum neuen $\overline{\Gamma'}$-Punkt und Rückfaltungen der elektronischen Zustände finden statt, wodurch der OFZ nun an $\overline{\Gamma'}$ lokalisiert ist. Da die Rekonstruktion, im Vergleich zur zum Beispiel wenig beeinflussenden (23 × √3)-Fischgrätenrekonstruktion der Au-(111)-Oberfläche [63], sehr massiv ist, schiebt der OFZ um ≈700 meV zu kleineren Bindungsenergien über das Ferminiveau bis zu einer Bindungsenergie von E_0=(118±5) meV. Auch andere Bänder mit spektralem Gewicht an der Oberfläche zeigen eine energetische Verschiebung und ändern ihre Dispersion. Hier sollte darauf hingewiesen werden, dass die parabolischen Bänder unterhalb E_F für (1 × 2)-rekonstruiertes Au(110) hauptsächlich Volumencharakter besitzen. Sie verschmelzen im Grenzfall eines unendlich dicken slabs zu einem schwachen homogenen Untergrund, der in der aktuellen Diskussion um die Dispersion des Shockley-Zustandes vernachlässigt werden kann. Xu et al. [87] berechneten für eine (1 × 2)-rekonstruierte Au(110)-Oberfläche, in Übereinstimmung mit unseren eigenen Ergebnissen, einen OFZ knapp oberhalb von E_F, brücksichtigten dabei jedoch keine Spin-Bahn-Wechselwirkung. Unsere Berechnungen hingegen liefern eine Spin-Bahn-Aufspaltung des Shockley-Zustandes von Δk=(0.012±0.01) Å^{-1}, welche mit unserem experimentellen Aufbau aufgelöst werden könnte. Da der OFZ jedoch komplett oberhalb von E_F lokalisiert und damit unbesetzt ist, bleibt er für ARPES unerreichbar. Nagano et al. reproduzierten 2009 die Ergebnisse unserer Rechnungen sowohl was die Bindungsenerie als auch die Rashba-Aufspaltung betrifft [37]. Sie führen dabei das unterschiedliche Verhalten des OFZ zwischen der rekonstruierten und unrekonstruierten Oberfläche auf die veränderte Zusammensetzung der Orbitalsymmetrie der Wellenfunktion in den obersten beiden Atomlagen zurück. Die Größe der Rashba-Aufspaltung skaliert, wie auch Bihlmayer et al. [42] betonen, mit der Asymmetrie der Oberflächenwellenfunktion um den Kernort.

In Abbildung 4.5 sind die Rechnungen in $\overline{S} \leftarrow \overline{Y} \rightarrow \overline{S}$ bzw. $\overline{X'} \leftarrow \overline{\Gamma'} \rightarrow \overline{X'}$ Richtung über gemessene ARPES-Daten geplottet. Die Bindungsenergie des OFZ S beim $\overline{Y}$-Punkt der unrekonstruierten Oberfläche wird dabei gut wiedergegeben (E_0^{LDA}=(-607±5) meV, E_0^{exp}=(-590±5) meV), jedoch auch die Dispersion (m_{LDA}^*=(0.16±0.02)m_e, m_{exp}^*=(0.25±0.01)m_e) und die Bandlücke zeigen Übereinstimmung. Die SO-Aufspaltung ist deutlich in Form von zwei gegeneinander verschobenen Parabeln zu erkennen. Da hier keine Korrekturen bezüglich der endlichen Ausdehnung des slabs enthalten sind, wird die SO-Aufspaltung überschätzt. Dies ist auch durch die endliche Aufspaltung bei $\overline{Y}$ offensichtlich, da Spin-Bahn-aufgespaltene Bänder an Hochsymmetriepunkten aufgrund der Zeitumkehr- und Inversionssymmetrie entartet sein

4.5. Modifikationen durch Adsorbate

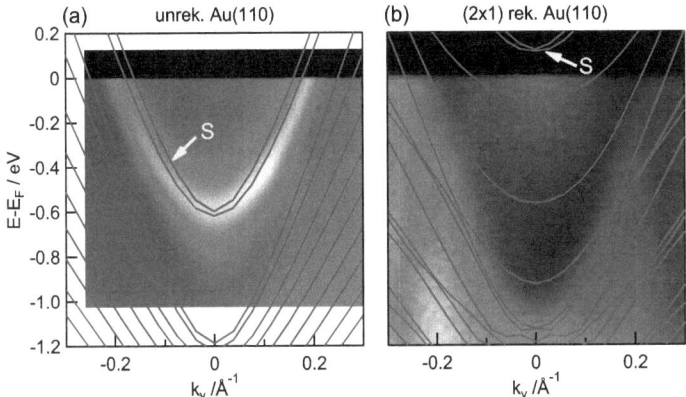

Abbildung 4.5: LDA-slab-layer-Rechnungen (blau) geplottet über ARPES-Daten von (a) unrekonstruiertem ($\overline{S} \leftarrow \overline{Y} \rightarrow \overline{S}$) und (b) (1×2)-rekonstruiertem ($\overline{X'} \leftarrow \overline{\Gamma'} \rightarrow \overline{X'}$) Au(110). Die aufgespaltenen OFZ sind mit S markiert, alle anderen gezeigten Bänder sind volumenartig. Die Aufspaltung beinhaltet sowohl Spin-Bahn- als auch Stör- Wechselwirkungen aufgrund des endlichen slabs.

sollten. Auch für die (1 × 2)-rekonstruierte Oberfläche werden die ARPES-Daten durch die Rechnungen in der Hinsicht gut wiedergegeben, dass keine oberflächeninduzierten Zustände unterhalb E_F um den $\overline{\Gamma}$-Punkt existieren. Es sei darauf hingewiesen, dass der Spin-Bahn aufgespaltene OFZ (S in Abbildung 4.5) in den Rechnungen knapp oberhalb von E_F auftaucht. Zwar kann er dadurch nicht direkt mit ARPES untersucht werden, doch wegen der durch seine Oberflächenlokalisierung bedingten Sensitivität auf Modifikationen der Oberfläche, können durch Adsorptionsexperimente Erkenntnisse über seine ursprünglichen Eigenschaften gewonnen werden, was im Folgenden Abschnitt beschrieben wird.

4.5 Modifikationen durch Adsorbate

Durch ihre Lokalisierung an der Oberfläche sind Shockley-Zustände sehr sensitiv auf Adsorbate und die Oberflächenstruktur [63, 64, 65, 67, 66, 68, 69, 88, 89]. Diese Eigenschaft wurde ausgenutzt, um zusätzliche Informationen über den Shockley-Zustand auf Au(110) zu erhalten, indem Ag und Na auf

60 Kapitel 4. Shockley-Zustand der Au(110)-Oberfläche

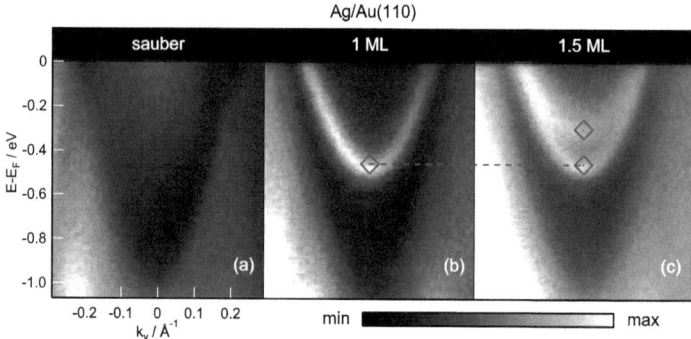

Abbildung 4.6: ARPES-Daten von (a) sauberem Au(110), (b) 1 ML und (c) 1.5 ML Ag auf Au(110). Die Rauten ◇ markieren die maximale Bindungsenergie E_0 der OFZ bei $\overline{\Gamma'}$.

die Oberfläche adsorbiert wurde. Beim Vergleichssystem Ag/Au(111) führt das Aufdampfen von Ag zu einem geordneten Lage-bei-Lage-Wachstum und einer diskreten Verschiebung des OFZ von der Bindungsenergie auf sauberem Au(111) zur Bindungsenergie auf sauberem Ag(111) [68]. Da die Wellenfunktion des OFZ innerhalb weniger Monolagen exponentiell in das Volumen gedämpft wird, nimmt der OFZ mit jeder zusätzlichen Ag-Lage mehr Ag-Charakter an [89]. Das System Ag/Au(110) zeigt ein analoges Verhalten: Abbildung 4.6 enthält ARPES-Daten um $\overline{Y}$ von ursprünglich (1×2)-rekonstruiertem Au(110) mit unterschiedlichen Ag-Bedeckungen. Datensatz (a) zeigt sauberes (1×2)-rekonstruiertes Au(110) mit einer leeren Bandlücke zum Vergleich. Nach Adsorption von 1 ML Ag bildet sich ein OFZ mit einer Bindungsenergie von $E_0 = (-475 \pm 5)$ meV aus, dargestellt im Datensatz (b). Nach einer zusätzlichen Adsorption von 0.5 ML Ag zeichnet sich ein zweiter OFZ bei einer kleineren Bindungsenergie von $E_0 = (-300 \pm 5)$ meV ab (c), welcher den Bereichen der Oberfläche mit einer Bedeckung von zwei Monolagen zugeordnet werden kann. Ein Vergleich zwischen den Bindungsenergien der Shockley-Zustände der Systeme Ag/Au(111) ($\overline{\Gamma}$-Punkt) und Ag/Au(110) ($\overline{Y}$-Punkt) ist in Abbildung 4.7 zu sehen. Die Entwicklung der Bindungsenergien des Shockley-Zustandes der beiden Systeme von sauberem Au (links) zu sauberem Ag (rechts) mit der Ag-Schichtdicke ist ähnlich, wobei der Wert für sauberes Au(110) fehlt, da kein OFZ unterhalb E_F auf (1×2)-rekonstruiertem Au(110) existiert. LEED-Messungen zeigen, dass die adsorbierten Ag-Lagen

4.5. Modifikationen durch Adsorbate

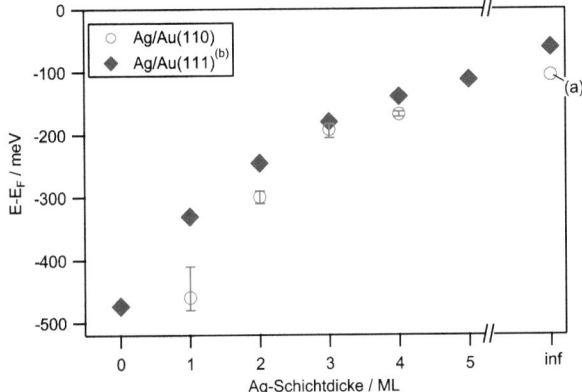

Abbildung 4.7: Vergleich der maximalen OFZ-Bindungsenergien E_0 bei unterschiedlichen Ag-Bedeckungen auf Au(111) (♦) und Au(110) (○). Beide Systeme zeigen ähnliches Verhalten [(a) aus Ref. [73] und (b) aus Ref. [65]].

die (1×2)-missing-row-Rekonstruktion auflösen und in eine (1×1)-Struktur umwandeln. Abbildung 4.8 (a) und (b) zeigen repräsentative LEED-Bilder für (1×2)-rekonstruiertes, sauberes Au(110) und 1 ML Ag/Au(110). Für die saubere, rekonstruierte Oberfläche zeigen die LEED-Bilder eine (1×2)-Struktur, verglichen mit der volumenterminierten (110)-Oberfläche eines fcc-Kristalls. Die scharfen Reflexe mit geringem Untergrundsignal weisen auf eine wohlgeordnete Oberfläche hin. Mit der Ag-Adsorption verschwinden die der Rekonstruktion zuzuordnenden Reflexe und eine (1×1)-Struktur bleibt bestehen. Dies deutet darauf hin, dass sich der Shockley-Zustand nach der Auflösung der Rekonstruktion, ausgelöst durch die Anlagerung von 1 ML Ag, mit weiterer Ag-Adsoption wie auf einer unrekonstruierten Oberfläche entwickelt und damit unterhalb E_F lokalisiert ist.

Zusätzlich zur Ag-Adsorption kann die (1×2)-Rekonstruktion von Au(110) auch durch die Adsorption von 0.5 ML Au auf eine kalte ($T \approx 15$ K) Probe aufgelöst werden (siehe auch Ref. [90]). Abbildung 4.9 (a) zeigt ARPES-Daten von kalt adsorbiertem Au/Au(110). Es ist deutlich zu erkennen, wie sich in der Bandlücke ein parabelförmiger Oberflächenzustand entwickelt. Dieser ist intensitätsschwach und sehr breit, was darauf zurückzuführen ist, dass die Rekonstruktion nicht auf der gesamten Oberfläche sondern nur in Bereichen aufgelöst wurde. LEED-Messungen der Probe, dargestellt in Abbildung 4.9 (b).

Kapitel 4. Shockley-Zustand der Au(110)-Oberfläche

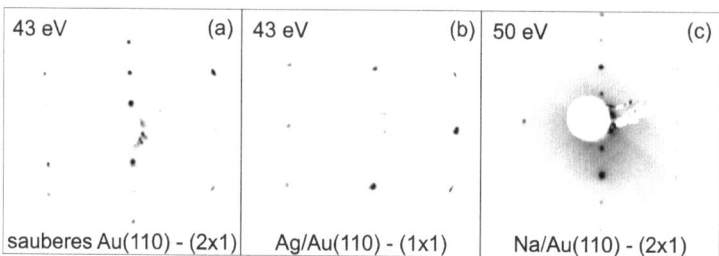

Abbildung 4.8: LEED-Bilder einer (a) sauberen (1×2)-rekonstruierten Au(110)-Oberfläche, (b) (1×1) unrekonstruiertem 1 ML Ag/Au(110) und (c) (1×2)-rekonstruiertem Na/Au(110).

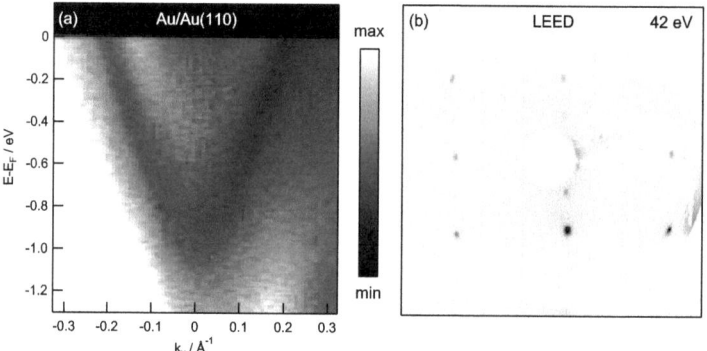

Abbildung 4.9: (a) ARPES-Daten von kalt adsorbiertem Au/Au(110) mit sich entwickelndem OFZ. (b) LEED-Bild der Oberfläche mit schwächer werdenden Reflexen der (1×2)-Rekonstruktion.

4.5. Modifikationen durch Adsorbate

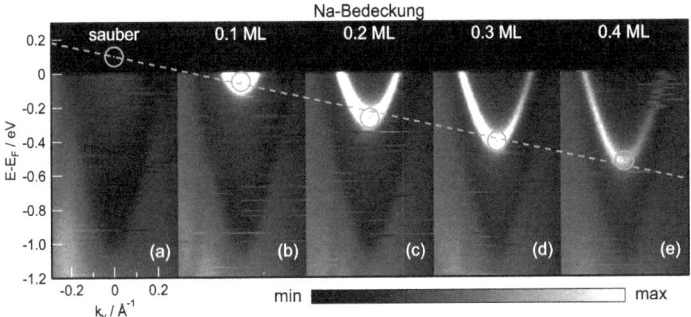

Abbildung 4.10: ARPES-Daten von (1×2) rek. Au(110) mit unterschiedlichen Na-Bedeckungen. Die saubere (1×2) rek. Au(110)-Oberfläche zeigt eine leere Bandlücke bei $\overline{\Gamma'}$. Sukzessives Aufdampfen von Na schiebt den OFZ kontinuierlich unter die Fermikante. Kreise markieren die maximalen Bindungsenergien E_0 des OFZ und die gestrichelte Linie zeigt die lineare Extrapolation von E_0 für die saubere Oberfläche.

stimmen mit dieser Interpretation überein, da die rekonstruktionsbedingten Reflexe nicht komplett verschwunden, sondern noch abgeschwächt zu erkennen sind. Die Beobachtung der Entwicklung des besetzten OFZ durch Au-Adsorption auf eine kalte Probe zusammen mit der Abschwächung der (1×2)-Rekonstruktionsreflexe in den LEED-Messungen sind ein weiterer Hinweis auf den Einfluss der Oberflächenstruktur auf die energetische Position des Shockley-Zustandes der Au(110)-Oberfläche.

Genauere Informationen über die Existenz oder Lokalisierung des Shockley-Zustandes auf der unrekonstruierten Oberfläche konnten durch Na-Adsorption gewonnen werden. Sowohl unsere eigenen Rechnungen, frühere Rechnungen [87] als auch Messungen mit inverser Photoemission [91] zeigen auf (1×2)-rekonstruiertem Au(110) einen Shockley-Zustand knapp oberhalb von E_F. Desweiteren wurden bereits zuvor durch Adsorption von Alkaliatomen im Submonolagenbereich Shockley-Zustände auf Edelmetalloberflächen erfolgreich energetisch nach „unten" zu größeren Bindungsenergien geschoben [64, 66]. Somit liegt es nahe auch den knapp oberhalb von E_F lokalisierten Shockley-Zustand einer (1×2)-rekonstruierten Au(110)-Oberfläche durch Na-Adsorption unter die Fermikante zu schieben um ihn damit für ARPES erreichbar zu machen. Abbildung 4.10 zeigt eine Serie von ARPES-Messungen mit steigender Na-Bedeckung im Submonolagenbereich (0-0.4 ML). Die unveränderte projizierte Volumenbandlücke ist in allen Spektren deutlich zu erkennen, wobei ein parabelförmiger OFZ mit steigender Na-Bedeckung kontinuierlich unter die Fermienergie schiebt. Durch eine lineare Extrapolation (gestrichelte Linie) der maximalen Bindungsenergien der OFZ wurde die maximale Bindungsenergie des Shockley-Zustandes der sauberen (1 × 2)-rekonstruierten Au(110) Oberfläche mit $E_0=(120\pm30)$ meV oberhalb von E_F abgeschätzt. LEED-Messungen zeigen, dass die Na-Adsoption auf die rekonstruierte Oberfläche, keine maßgebliche Änderung der LEED-Bilder zur Folge hat (siehe Abbildung 4.8 (c)). Eine Erhöhung der Untergrundintensität und Reflexbreite sowie die Reduktion der Reflexintensität kann durch die wachsende Unordnung aufgrund der statistisch verteilten Na-Atome erklärt werden. Daraus lässt sich schließen, dass die Na-Adsorption im Submonolagenbereich keinen Einfluss auf die Oberflächenstruktur besitzt und die kontinuierliche Verschiebung des Shockley-Zustandes ausschließlich auf einer Austrittsarbeitsänderung und Elektronentransfer beruht. Dies wiederum legitimiert die Extrapolation von der Na-Adsorptionsserie zu einer sauberen rekonstruierten Oberfläche, wie in Abbildung 4.10 gezeigt. Lindgren und Walldén [64] erklären den Anstieg der Bindungsenergie des Shockley-Zustandes des Systems Na/Cu(111) mit der großen Austrittsarbeitsänderung $\Delta\phi$ durch die Na-Adsorption. Die kontinuierliche, bedeckungsabhängige Verringerung der Austrittsarbeit im Submonolagenbereich von bis zu $\Delta\phi\approx2.7$ eV ist mit der starken Polarisierung der adsorbierten Na-Atome verknüpft. Dies führt zu einem abnehmenden Potential im Oberflächenbereich, was die beobachtete OFZ-Verschiebung erklärt [64, 92] und auf einen Transfer der Na 3s-Elektronen in den zuvor unbesetzten OFZ hindeutet [66]. Dies wird auch von der aktuellen Vorstellung der Alkaliadsorption auf Metalloberflächen, welche auf dem Langmuir-Gurney-Modell basiert und einen partiellen Ladungstransfer in das Substrat und die Polarisierung der Alkaliatome beinhaltet, unterstützt [93]. Die unterschiedliche Bindungsenergie des OFZ der sauberen, rekonstruierten und unrekonstruierten Oberfläche könnte in diesem Zusammenhang ebenfalls mit einer Änderung der Austrittsarbeit in Verbindung gebracht werden. Nach dem im Abschnitt 3.1.2 vorgestellten Smoluchowski-Prinzip müsste ϕ aufgrund der größeren mikroskopischen Rauheit für die rekonstruierte Oberfläche kleiner sein als für die unrekonstruierte. Dies steht jedoch im Widerspruch zum Verhalten des OFZ bei der Na-Adsorption. Folglich kann in diesem Fall eine Änderung der Austrittsarbeit der sauberen Oberflächen nicht die Ursache für die große Bindungsenergieverschiebung sein. Unterstützt wird diese Schlussfolgerung von Berechnungen von Fall *et al.* [94] in welchen sich ϕ von (1×2)-rekonstruiertem Au(110) mit 5.38 eV von unrekonstruiertem Au(110) mit 5.41 eV nur um 0.03 eV unterscheiden.

4.5. Modifikationen durch Adsorbate

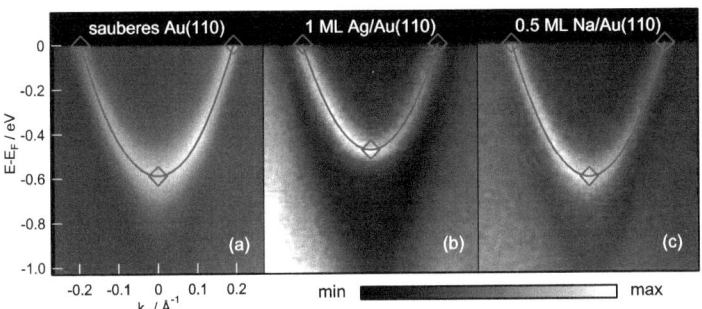

Abbildung 4.11: Vergleich zwischen sauberem, unrekonstruiertem Au(110), 1 ML Ag/Au(110) und 0.5 ML Na/Au(110). Die blauen Linien repräsentieren die Anpassung einer parabolischen Dispersion an die Daten anhand der Stützstellen k_F und E_0

Ein Vergleich der gemessenen, besetzten Shockley-Zustände mit vergleichbaren Bindungsenergien von sauberem unrekonstruiertem Au(110), 1 ML Ag auf Au(110) und 0.5 ML Na/Au(110) ist in Abbildung 4.11 gezeigt. Parabolische Anpassungen an die Dispersion sind mit durchgezogenen Linien dargestellt, die maximalen Bindungsenergien sowie die Fermivektoren sind mit Rauten gekennzeichnet. Die beobachteten Linienbreiten, bestimmt aus EDCs bei $\overline{Y}$ bzw. $\overline{\Gamma'}$, sind ein Maß für die Oberflächenqualität bezüglich Defektdichte und Terrassenbreite. Da die adsorbierten Na-Atome Oberflächendefekte darstellen, steigt die FWHM mit der Na-Bedeckung monoton von 100-200 meV für Bedeckungen von 0.2-0.8 ML. Die Adsorption von Ag wiederum führt zu wohlgeordneten Filmen welche FWHM von ≈60 meV zur Folge haben. Der Shockley-Zustand der sauberen, unrekonstruierten Au(110)-Oberfläche zeigt im Gegensatz dazu eine sehr große FHWM von 250 meV aufgrund von Defekten und Stufenkanten, welche wiederum die unrekonstruierte Oberfläche stabilisieren. Typische Werte für Linienbreiten der anderen (110)-Edelmetall-OFZ ergeben sich zu 48 meV für unrekonstruiertes Cu(110) sowie ≤50 meV für Ag(110) [95, 96]. In Tabelle 4.1 sind die in dieser Arbeit ermittelten Parameter für die Dispersion der Shockley-Zustände auf den Au(110)-Oberflächen aus ARPES-Messungen und DFT-slab-layer-Rechnungen neben Werten für den Shockley Zustand auf Au(111) zusammengefasst. Die obere Abschätzung der Rashba-Aufspaltung Δk für sauberes, nicht-rekonstruiertes Au(110) sowie 1 ML Ag/Au(110) und ≈ 0.5 ML Na/Au(110) resultiert aus

Tabelle 4.1: Zusammenfassung der Parameter für mit ARPES gemessene und mit DFT berechnete Shockley-Zustände. Positive Werte für E_0 geben hierbei eine Lokalisierung oberhalb E_F an. Da die Bandmasse m^* des OFZ auf Au(110) nicht isotrop ist, wurden m^*, k_F und Δk für Au(110) in Richtung $\overline{YS}$ bzw. $\overline{\Gamma'X'}$ ausgewertet, in der sie maximal sind.

	E_0/meV	m^*/m_e [a]	k_F/mÅ^{-1} [a]	Δk/mÅ^{-1} [a]
Au(111)	−479 ± 2	0.260 ± 0.005	169/193 ± 1	24
SPR-KKR Au(111)	−485	0.31	187/212	25
LDA Au(111)[b]	−484	0.22		31
Au(110) unrec.	−590 ± 5	0.25 ± 0.01	195 ± 5	< 42[e]
LDA Au(110) unrec.	−607 ± 5	0.16 ± 0.02	166/171 ± 1 [d]	5 ± 1[d]
Au(110) (2 × 1) rec.[c]	120 ± 30	0.24 ± 0.02		
LDA Au(110) (2 × 1) rec.	118 ± 5	0.23 ± 0.02		12 ± 1[d]
1 ML Ag/Au(110)	−475 ± 5	0.23 ± 0.01	169 ± 5	< 60[e]
≈ 0.5 ML Na/Au(110)	−601 ± 5	0.22 ± 0.01	188 ± 5	< 36[e]

[a] für Au(110) in Richtung $\overline{YS}$ bzw. $\overline{\Gamma'X'}$ ausgewertet
[b] aus Ref. [67]
[c] Werte extapoliert aus Na/Au(110)-Messreihe
[d] im Bezug auf künstliche Aufspaltung korrigiert
[e] FWHM aus MDC bei E_F als obere Grenze

der FWHM, ausgewertet aus MDCs bei E_F. Abschließend kann gefolgert werden, dass die Änderung der Oberflächenmorphologie der Au(110)-Oberfläche in Form einer (1 × 2)-Rekonstruktion einen großen Einfluss auf die elektronische Struktur an der Oberfläche besitzt. In den gezeigten ARPES-Daten ist dies an der großen Änderung der Bindungsenergie des Shockley-Zustandes deutlich zu sehen, was auch DFT-Rechnungen belegen. Jedoch auch die Rashba-Aufspaltung des OFZ scheint auf diese rein strukturelle Änderung zu reagieren. In den experimentellen Daten zwar nicht auflösbar, ist Δk in den Rechnungen bei der rekonstruierten Oberfläche um einen Faktor zwei größer als bei der nicht-rekonstruierten. Wie bereits erwähnt kann dies auf die Änderung der Orbitalsymmetrie der OFZ-Wellenfunktion in den obersten beiden Atomlagen zurückgeführt werden.

4.6 Zusammenfassung

In diesem Kapitel wurde der Shockley-Zustand auf unrekonstruierten sowie (1 × 2)-rekonstruierten Au(110)-Oberflächen mit Hilfe von hochaufgelösten ARPES-Messungen bei tiefen Temperaturen untersucht, um den extrinsi-

4.6. Zusammenfassung

schen Einfluss der Morphologieänderung auf die elektronische Struktur an der Oberfläche zu bestimmen. Zusätzlich wurde der OFZ mit verschiedenen Adsorbaten manipuliert und die Ergebnisse mit dem entsprechenden System auf Au(111) verglichen. Auf sauberen, unrekonstruierten Au(110)-Oberflächen zeigen die ARPES-Messungen einen OFZ mit einer maximalen Bindungsenergie von $E_0 = (-590 \pm 5)$ meV, wohingegen auf der (1×2)-rekonstruierten Oberfläche kein besetzter OFZ unterhalb von E_F zu beobachten ist. Eine Spin-Bahn-Aufspaltung, wie beim entsprechenden Shockley-Zustand der Au(111)-Oberfläche, kann aufgrund der großen Linienbreite von 250 meV nicht aufgelöst werden. Relativistische LDA-slab-layer-Rechnungen stimmen mit den experimentellen Ergebnissen überein und zeigen eine Verschiebung des Shockley-Zustandes aufgrund der (1×2)-Rekonstruktion von ca. 700 meV bis über die Fermienergie. Wird Ag auf die (1×2)-rekonsturierte Au(110)-Oberfläche adsorbiert, löst sich die Rekonstruktion zu einer (1×1)-Oberflächenstruktur auf und ein Shockley-Zustand bei $E_0 = (-475 \pm 5)$ meV wird sichtbar. Dieser verhält sich bei weiterer Ag-Adsorption analog zum Vergleichssystem Ag/Au(111). Mit Hilfe von Na-Adsorption ist es desweiteren möglich, den unbesetzten Shockley-Zustand der (1×2)-rekonstruierten Oberfläche kontinuierlich von knapp oberhalb der Fermienergie zu Bindungsenergien deutlich unterhalb von E_F zu schieben. Lineare Extrapolation der Na/Au(110)-Messreihe ergibt eine Bindungsenergie des Shockley-Zustandes der sauberen (1×2)-rekonstruierten Au(110)-Oberfläche von $E_0 = (120 \pm 30)$ meV oberhalb E_F und damit eine OFZ-Verschiebung aufgrund der (1×2)-Rekonstruktion von über 700 meV.

Ohne jegliche chemische Veränderung zeigt der Shockley-Zustand von Au(110), allein durch die Oberflächenrekonstruktion, diese enorme Energieänderung in der Größenordnung von 1 eV. Auch die Rashba-Aufspaltung wird beeinflusst. Die gefundenen Ergebnisse erlauben ein umfassendes Verständnis des Shockley-Zustandes der Au(110)-Oberflächen sowie der Einflüsse der Oberflächenrekonstruktion und ausgewählter Adsorbate auf diesen. Aufgrund der beobachteten Empfindlichkeit des Shockley-Zustandes auf die Probenpräparation und Verunreinigungen können die Unstimmigkeiten in der Literatur auf unterschiedliche Probenpräparationen und Charakterisierungen zurückgeführt werden.

Der extrinsische Einfluss der Oberflächenmorphologie wurde damit am Beispiel eines OFZ auf Au(110) untersucht. Im folgenden Kapitel stehen intrinsische Einflüsse in Form von Elektron-Elektron-, Elektron-Phonon- und Elektron-Defekt-Wechselwirkungen sowie die Anisotropie der Dispersion im Fokus. Als Modellsystem werden dabei Quantentrogzustände in dünnen Fe-Filmen betrachtet.

Kapitel 5

QUANTENTROGZUSTÄNDE IN DÜNNEN EISENFILMEN AUF W(110)

5.1 Einleitung

Die bisher behandelten elektronischen Strukturen sind Zustände, induziert durch und lokalisiert an der Kristalloberfläche, wodurch sie sehr empfindlich auf die extrinsischen Einflussfaktoren wie Adsorbate, Oberflächendefekte sowie Oberflächenrekonstruktionen reagieren. Im Abschnitt 4.5 zeigte der OFZ der Systeme Ag/Au(111) bzw. Ag/Au(110) durch seine exponentiell in das Kristallvolumen gedämpfte Wellenfunktion eine schichtdickenabhängige Bindungsenergie. Jedoch auch die nicht durch die Grenzflächen induzierte elektronische Struktur des Adsorbatfilms hängt von der Schichtdicke ab. Die dreidimensionale Volumenbandstruktur von Silber bildet sich aus Quantentrogzuständen mit zunehmender Schichtdicke erst sukzessive aus (siehe Abschnitt 3.2). Die QWS stellen dabei das Bindeglied zwischen zwei- und dreidimensionaler elektronischer Struktur dar und können bei dünnen Schichten als quasi-zweidimensional betrachtet werden. Ag/Au(111) war das erste System, für das metallische QWS experimentell bestätigt wurden [34]. Aufgrund der praktisch identischen Gitterkonstanten ($\frac{\Delta a}{a} < 0.2\%$) und Struktur von Ag und Au wachsen die Ag-Filme auf den Au-Substraten defektarm in einem Lage-bei-Lage-Modus. Dadurch lassen sich die sp-artigen QWS in PES-Messungen über einen großen Schichtdickenbereich (>40 ML) verfolgen [97, 65]. Da es sich bei QWS um quasi-zweidimensionale Zustände handelt, können diese in PES-Messungen sehr schmale Strukturen erzeugen, welche keiner großen Verbreiterung durch die Lebensdauer des PE-Endzustandes unterliegen (siehe Abschnitt 2.1.3). Dadurch eignen sich QWS unter anderem sehr gut zur Untersuchung von intrinsischen Einflussfaktoren wie Elektron-Elektron- und Elektron-Phonon-Wechselwirkung durch Linienbreitenanalyse.

In Adsorbatsystemen mit Cu- und Ag-Lagen auf den magnetischen Substraten Fe(001), Co(001) und Ni(001) wurden ebenfalls QWS nachgewiesen [98, 99, 100]. Durch die austauschaufgespaltene Bandstruktur der Substrate sind die Begrenzungsbedingungen für die Adsorbatelektronen spinabhängig und die QWS können dadurch spinpolarisiert sein [101, 102]. Diese spinpolarisierten QWS zeigen sich wiederum für eine mit der Schichtdicke oszillierende magnetische Kopplung über die Edelmetallschichten hinweg (interlayer exchange coupling, IEC) verantwortlich [99, 100]. In Multilagensystemen mit abwechselnden Schichten von ferromagnetischen und paramagnetischen (PM) Materialien stellt sich dadurch entweder ferromagnetische (FM) oder antiferromagnetische (AFM) Kopplung zwischen den magnetischen Schichten ein, beschreibbar durch die Ruderman-Kittel-Kasuya-Yosida (RKKY)-Wechselwirkung. Dieser Effekt wird technisch z.B. in Leseköpfen von magnetischen Speichermedien ausgenutzt, welche auf der spinabhängigen Streuung der Elektronen an magnetischen Grenzschichten und dem dadurch begründeten Riesenmagnetowiderstand (GMR) beruhen: Wird in einem ursprünglich AFM gekoppelten Schichtsystem durch ein äußeres Magnetfeld eine FM Ausrichtung induziert, sinkt der elektrische Widerstand deutlich [1, 2, 103]. Für die Entdeckung des GMR-Effekts erhielten Albert Fert und Peter Grünberg 2007 den Nobelpreis für Physik.

In niedrigdimensionalen magnetischen Systemen spielen QWS für die magnetoelektrischen Eigenschaften in verschiedener Weise eine Rolle. So können spinpolarisierte QWS die magnetooptischen Eigenschaften eines Systems verändern [104, 105, 106], die magnetokristallinen Anisotropien beinflussen [107, 108, 109], den GMR modifizieren [110, 111, 112] und in ansonsten nichtmagnetischen Materialien zu magnetischer Ordnung führen [113].

Ein Modellsystem für dünne ferromagnetische Schichten und die Auswirkung der endlichen Ausdehnung auf die magnetischen Eigenschaften stellen unter anderem Fe-Filme dar. So wurde mit PES-Studien gezeigt, dass sich die Magnetisierungsrichtung von Fe-Filmen auf W(110) bei Bedeckungen unter 30 ML von der $\langle 100 \rangle$-Volumenrichtung in die $\langle 110 \rangle$-Richtung in der Filmebene ändert [114, 115].

In folgendem Kapitel werden intrinsische Einflussfaktoren auf spinpolarisierte, quasi-zweidimensionale QWS am Beispiel der elektronischen Struktur von dünnen Fe-Filmen auf W(110) untersucht. Im Zuge dessen werden die beobachteten QWS durch Vergleich mit DFT-Rechnungen, mit Hilfe von Linienbreitenanalysen und der Anpassung eines erweiterten Phasenakkumulationsmodells charakterisiert.

5.2 Probenpräparation und Charakterisierung

Aufgrund des hohen Schmelzpunktes von Wolfram besteht die Standardpräparation sauberer, wohlgeordneter W(110)-Substratoberflächen aus einem zweistufigen Heizzyklus. In der ersten Stufe werden Kohlenstoffverunreinigungen, welche aus dem Kristall an die Oberfläche diffundieren, bei einem O_2-Partialdruck von ca. 5×10^{-7} mbar zu CO oxidiert und mit mehreren kurzen Heizstößen (ca. 8 s) auf Temperaturen von >1200 K von der Oberfläche desorbiert. In der zweiten Stufe wird das bei diesem Prozess entstandene Wolframoxid ohne O_2-Atmosphäre mit kurzen Heizstößen auf Temperaturen von ca. 2400 K entfernt. Ist das W(110)-Substrat C-frei, genügt allein die zweite Präparationsstufe um Adsorbate und Verunreinigungen zu entfernen. Die erforderlichen hohen Temperaturen werden mit Hilfe einer Elektronenstoßheizung erreicht, die durch ein Loch im Probenhalter direkt auf die Rückseite des Substratkristalls wirkt.

Für die Präparation der Eisenfilme wurde das Verdampfergut aus einem Elektronenstrahlverdampfer mit Tiegel bei einer Temperatur von ca. 1200°C verdampft, was zu einer Dampfrate von ca. 1 ML/min führte. Durch vollständiges Aufschmelzen im Tiegel wird das zu verdampfende Eisen zusätzlich gereinigt [116]. Der Wachstumsmodus von Fe/W(110) hängt von der Substrattemperatur während der Deposition ab, wobei die erste Monolage pseudomorph wächst. Das weitere Wachstum findet bei Temperaturen oberhalb der Raumtemperatur im Stranski-Krastanov-Modus statt, während bei Raumtemperatur zwar geschlossene, jedoch raue Filme entstehen [117]. Um atomar glatte Filme zu präparieren, ist für das System Fe/W(110) ein Ansatz weit entfernt vom thermodynamischen Gleichgewicht erfolgreicher. Eine gute Filmqualität wurde mit Substrattemperaturen während des Dampfprozesses weit unterhalb der Raumtemperatur und anschließendem Tempern erreicht. Die Probentemperatur zu Dampfbeginn entsprach ca. 45 K. Während des Dampfprozesses konnte die Temperatur nicht gemessen werden. Das Tempern wurde bei $T < 700$ K für 20-60 s durchgeführt. Die stark unterschiedlichen Zeiten kommen durch Änderungen der Filamentform und des Abstands zur Probe zustande, was in einer variierenden Heizleistung resultiert.

Die Filmqualität, Oberflächenstruktur sowie die Reinheit des W-Substrats und der Fe-Filme wurde sowohl mit XPS aber auch mit UPS und LEED

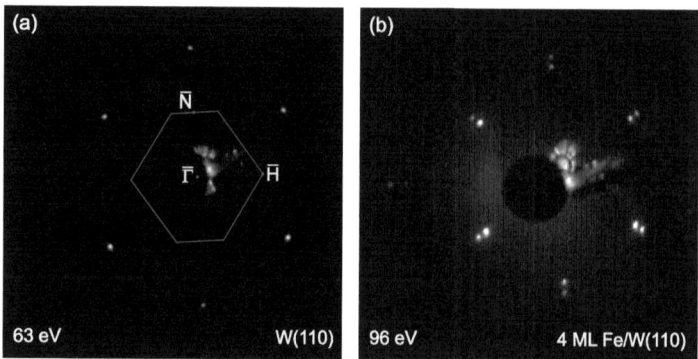

Abbildung 5.1: LEED-Bilder von (a) sauberem W(110) mit eingezeichneter SBZ (rote Linie) und den dazugehörigen Hochsymmetriepunkten und (b) 4 ML Fe/W(110). Die innen liegenden Reflexe sind Wolfram, die äußeren Eisen zuzuordnen.

untersucht. Eine optimal präparierte W(110)-Oberfläche zeichnet sich durch ein der bcc-(110)-Struktur entsprechendes LEED-Bild mit scharfen Reflexen und geringer Untergrundintensität aus (siehe Abbildung 5.1 (a)). Spektroskopisch zeigt sich die Oberflächenqualität an einem scharfen, intensiven OFZ am $\overline{\Gamma}$ -Punkt bei $E = -1.25\,\mathrm{eV}$.

Aufgrund der um ca. 9.4 % ($a_\mathrm{Fe} = 2.866\,\text{Å}$, $a_\mathrm{W} = 3.165\,\text{Å}$) kleineren Gitterkonstanten von Fe im Vergleich zu W [118] bauen sich im Schichtdickenbereich von 2-10 ML Verspannungen im Film ab, wodurch keine einheitlich geschlossenen Filme entstehen. Dies ist, wie in Abbildung 5.1 (a) gezeigt, an der Koexistenz der entsprechenden LEED-Reflexe zu erkennen, die der jeweiligen Gitterstruktur von Fe und W entsprechen. Ab 10 ML sind nur noch die LEED-Reflexe der relaxierten Fe(110)-Oberfläche zu sehen, was auf einen vollständigen Abbau der Verspannungen und homogen geordnete Filme hinweist. Unterstützt wird diese Interpretation durch die Tatsache, dass QWS erst ab einer Bedeckung von 10 ML beobachtet wurden.

Die Schichtdicke der Fe-Filme wurde durch eine Kombination aus XPS-Messungen und einer anschließenden physikalisch sinnvollen Sortierung anhand der QWS-Bindungsenergien und deren Entwicklung mit der Schichtdicke bestimmt. Ein erster Richtwert ergibt sich aus der Abschwächung des XPS-Signals der W4f-Niveaus (siehe Abbildung 5.2 (a)) im Vergleich mit ei-

5.2. Probenpräparation und Charakterisierung

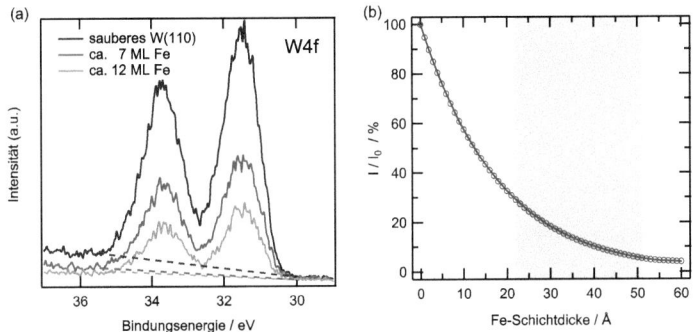

Abbildung 5.2: Schichtdickenbestimmung mit XPS. (a) W4f-Signal für sauberes W(110) sowie 7 ML und 12 ML starke Fe-Bedeckungen. (b) Simulierte Abschwächung des W4f-Signals durch Fe-Bedeckung durchgeführt auf Basis von [119]. Der grau hinterlegte Bereich markiert die Schichtdicken bei denen im Rahmen dieser Arbeit QWS gemessen wurden.

ner Simulation für homogene, geschlossene Fe-Filme, die mit Hilfe der „NIST Electron Effective-Attenuation-Length Database" [119] durchgeführt wurde (siehe Abbildung 5.2 (b)). Zur Bestimmung der W4f-Intensität wurde ein einfacher linearer Untergrund angenommen. Der dadurch verursachte Fehler in der Intensitätsbestimmung ist im Vergleich zur Unsicherheit durch die unbekannte Filmmorphologie vernachlässigbar. Die aufgrund der konstanten Depositionsrate von ca. 1 ML/min erwarteten Schichtdicken zeigten Abweichungen von der Bestimmung mit XPS im Bereich von ca. ±2 ML. Deshalb wurden die mit der W4f-Signalabschwächung berechneten Bedeckungen nur als Grundlage für die genaue Sortierung anhand der mit UPS-Messungen bestimmten QWS-Bindungsenergien verwendet. Nach der Einordnung der Datensätze anhand der XPS-Auswertung wurden sie innerhalb der abgeschätzten Fehlerbalken in der Weise umsortiert, dass sich eine möglichst monotone Entwicklung der QWS mit der Schichtdicke ergab, wie in Abbildung 5.3 (a) und (b) gezeigt. Diese Methode ist gerechtfertigt, da pro Datensatz meist zwei oder mehr QWS auswertbar sind und damit innerhalb der Fehlergrenzen nur eine eindeutige sinnvolle Lösung existiert. Die Bestimmung der QWS-Bindungsenergien aus EDCs bei $\overline{\Gamma}$ ist durch das schlechte Signal- zu Untergrund-Verhältnis zu ungenau. Im ARPES-Datensatz kann jedoch, wie in Abbildung 5.3 (c) zu sehen ist, die annähernd parabelförmige

Dispersion der QWS verfolgt, und damit die Bindungsenergien bei $\overline{\Gamma}$ auch von Zuständen abgeschätzt werden, bei denen die Auswertung der EDCs nicht möglich ist. Zudem können dadurch die aus den EDCs bestimmten Bindungsenergien verifiziert werden.

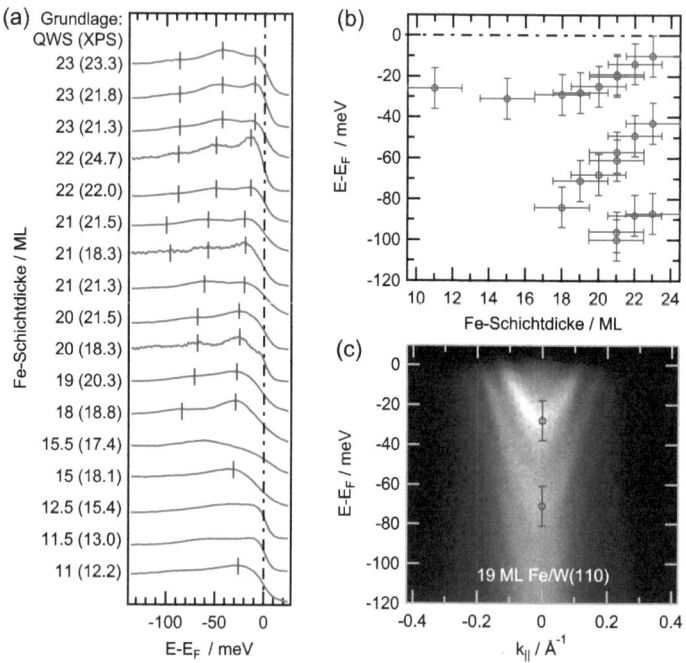

Abbildung 5.3: Schichtdickenbestimmung mit UPS anhand der Energien der QWS bei $\overline{\Gamma}$. (a) EDCs am $\overline{\Gamma}$-Punkt bei verschiedenen Fe-Schichtdicken. Die Energien der QWS sind mit Strichen markiert. (b) Energien der QWS als Funktion der Fe-Schichtdicke. (c) ARPES-Datensatz in $\overline{\Gamma H}$-Richtung von 19 ML Fe/W(110) mit eingezeichneten Energien der auswertbaren QWS.

5.3 Linienbreitenanalyse

Die in dieser Arbeit bei dünnen Eisenfilmen beobachteten Photoemissionsstrukturen nahe der Fermikante zeigen eine sehr geringe energetische Breite von nur ca. 12 meV bei einer Bindungsenergie von 10 meV. Da es sich bei den QWS um quasi-zweidimensionale Zustände handelt, spielen, wie in Abschnitt 2.1.3 durch kinematische Überlegungen gezeigt, Verbreiterungen durch die endliche Lebensdauer des ausgelösten Photoelektrons keine Rolle und die Breite der gemessenen Strukturen lassen direkte Rückschlüsse auf die Quasiteilchenlebensdauer des Photolochs zu. Den Vielteilchenwechselwirkungen, die als Streukanäle für das Photoloch zur Verfügung stehen und damit einen Beitrag zur gemessenen Photoemissionslinienbreite liefern, liegen unterschiedliche physikalische Prozesse zugrunde. Dadurch kann die gemessene Halbwertsbreite Γ_h in die verschiedenen Anteile

$$\Gamma_\text{h} = \Gamma_\text{e-ph} + \Gamma_\text{e-e} + \Gamma_\text{e-mag} + \Gamma_\text{e-i} \qquad (5.1)$$

zerlegt werden. Die einzelnen Beiträge resultieren hierbei aus der Streuung der Elektronen an Phononen $\Gamma_\text{e-ph}$, Elektronen $\Gamma_\text{e-e}$, Magnonen $\Gamma_\text{e-mag}$ und Defekten $\Gamma_\text{e-i}$.

Um die verschiedenen Beiträge voneinander zu trennen, kann deren unterschiedliche funktionale Abhängigkeit von der Temperatur und Energie ausgenutzt werden. Die Streuung an Defekten wird hierbei als unabhängig von der Energie und Temperatur angenommen und ergibt einen konstanten Beitrag zur Gesamtlinienbreite $\Gamma_\text{e-i}$ = konst. Der Anteil, der durch durch die Elektron-Elektron-Wechselwirkung entsteht, nimmt unter der Annahme schwacher Wechselwirkung nach der Fermiflüssigkeitstheorie für ein dreidimensionales System die funktionelle Form

$$\Gamma_\text{e-e} = 2\beta \left[(\pi k_B T)^2 + E^2 \right] \qquad (5.2)$$

an [120]. Der Unterschied zum Verlauf für ein zweidimensionales System ist klein und im Rahmen der experimentellen Unsicherheiten in dieser Arbeit vernachlässigbar [121]. Der Einfluss der Elektron-Phonon-Wechselwirkung auf die Linienbreite wird durch

$$\Gamma_\text{e-ph}(E,T) = 2\pi \int_0^{\hbar\omega^\text{max}} d\epsilon\, \alpha^2 F(\epsilon) \cdot \bigl(1 - f(E-\epsilon) + 2n(\epsilon) + f(E+\epsilon) \bigr) \qquad (5.3)$$

beschrieben [16]. Dabei repräsentiert $f(E\pm\epsilon)$ die Fermi-Dirac- und $n(\epsilon)$ die Bose-Einstein-Verteilung wodurch die Temperaturabhängigkeit gegeben ist.

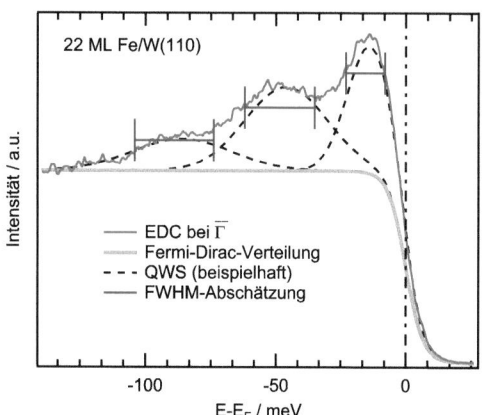

Abbildung 5.4: Beispielhafte Linienbreitenbestimmung der QWS von 22 ML Fe/W(110). Die FWHM werden nach Augenmaß abgeschätzt. Gestrichelt eingezeichnet sind beispielhafte QWS auf einem konstanten Untergrund. Bei E_F wird das Spektrum von der Fermi-Dirac-Verteilung abgeschnitten.

Die Éliashberg-Kopplungsfunktion $\alpha^2 F(\epsilon)$ beschreibt die Ankopplung der Elektronenzustände an das Phononenspektrum und ergibt sich unter Anwendung der in dieser Arbeit benutzten Debye-Näherung zu:

$$\alpha^2 F(\epsilon) = \begin{cases} \lambda_{\text{ph}} \left(\frac{\epsilon}{\hbar\omega_D}\right)^2 & \text{für} \quad \epsilon \leq \hbar\omega_D \\ 0 & \text{für} \quad \epsilon > \hbar\omega_D. \end{cases} \quad (5.4)$$

Dabei wird die Elektron-Phonon-Wechselwirkung vereinfacht durch die Kopplungskonstante λ_{ph}, und die Debyefrequenz ω_D beschrieben. Da es sich sowohl bei Magnonen wie auch bei Phononen um Bosonenanregungen handelt, hat deren Beitrag zur Lininenbreite die gleiche Form (siehe Gleichung (5.3)). Der einzige Unterschied besteht in der Ankopplung an das jeweilige Anregungsspektrum und $\alpha^2 F(\epsilon)$ wird unter Annahme eines dreidimensionalen Magnonenspektrums zu $\tilde{\alpha}^2 \tilde{F}(\epsilon)$ mit der Form:

$$\tilde{\alpha}^2 \tilde{F}(\epsilon) = \begin{cases} \lambda_{\text{mag}} \left(\frac{\epsilon}{\hbar\omega_M}\right)^{\frac{1}{2}} & \text{für} \quad \epsilon \leq \hbar\omega_M \\ 0 & \text{für} \quad \epsilon > \hbar\omega_M. \end{cases} \quad (5.5)$$

Entsprechend repräsentiert λ_{mag} den Kopplungsparameter und $\hbar\omega_M$ die Energie, bei der alle Magnonen angeregt sind.

5.3. Linienbreitenanalyse

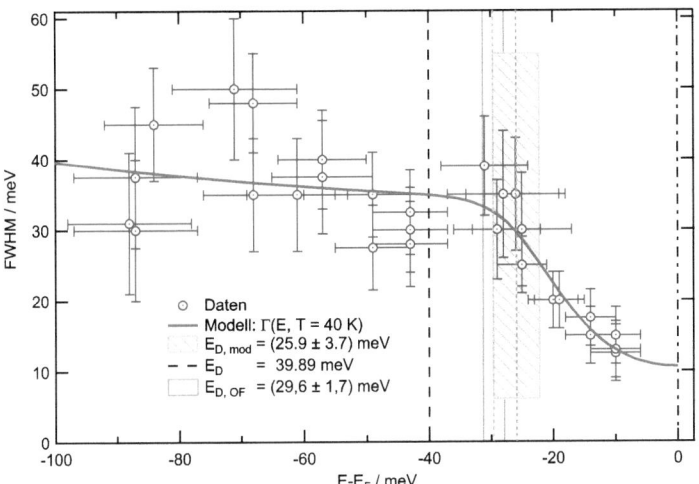

Abbildung 5.5: Linienbreiten der QWS am $\overline{\Gamma}$-Punkt von Fe/W(110) als Funktion der Energie. Die Datenpunkte ergeben sich aus Messungen von mehreren Schichtdicken. An die Daten wurde das Modell (5.1) für eine Temperatur von 40 K angepasst (rot). Die daraus ermittelte Debye-Energie E_D = (25.9±3.7) meV ist hellrot schraffiert hinterlegt. Ebenfalls eingezeichnet wurden die Debye-Energie von Eisen (E_D = 39.89 meV [122], gestrichelte Linie) sowie die Oberflächen-Debye-Energie von 1 ML Fe/Cu(111) ($E_{D,OF}$ = (29,6±1.7) meV [123], grau hinterlegt).

Aus EDCs beim $\overline{\Gamma}$-Punkt wurde die Linienbreite der QWS durch eine Abschätzung der FWHM mit Augenmaß ausgewertet (siehe Abbildung 5.4). Eine Fit-Prozedur mit Voigt-förmigen Strukturen auf konstantem Untergrund, multipliziert mit der Fermi-Dirac-Verteilung, ergab keine physikalisch sinnvolleren Ergebnisse, was vor allem auf den unbekannten Untergrundverlauf zurückzuführen ist. Trotz dieser einfachen Auswertung mit entsprechend großzügig bemessenen Fehlerbalken und der Einbeziehung unterschiedlicher Schichtdicken, ergibt sich bei der Auftragung aller ermittelter FWHM als Funktion der Energie der in Abbildung 5.5 gezeigte Verlauf mit einem deutlich erkennbaren steilen Anstieg zwischen E_F und ca. 30 meV und einer anschließend flacheren Fortsetzung. Eine Anpassung des Modells entsprechend den Gleichungen (5.1)-(5.4) für eine Temperatur von 40 K (rote Linie) ergibt eine gute Übereinstimmung mit der ermittelten Debye-Energie E_D = (25.9 ± 3.7) meV mit Literaturwerten für die Oberflächen-Debye-Energie von 1 ML Fe/Cu(111) $E_{D,OF} = (29.6 \pm 1.7)$ meV, bestimmt aus LEED-Messungen [123]. Der Elektron-Phonon-Kopplungsparameter $\lambda_{ph} = 0.44 \pm 0.10$ ist größer als der von Cui *et al.* für ein Majoritäts-Volumenband bestimmte Wert von $\lambda_{ph,Cui} = 0.16 \pm 0.02$ [124]. Für die Elektron-Elektron-Kopplungskonstante β ergibt sich aus dem angepassten Modell ein Wert von $\beta = 0.27 \pm 0.28$. Der enorme angegebene Fehler, abgeleitet aus der Methode der kleinsten Quadrate, ist in Abbildung 5.5 aufgrund der Fehlerbalken und Streuung der Datenpunkte bei kleinen Energien nachvollziehbar. Dennoch bleibt der ermittelte Wert für β deutlich unter dem in Ref. [124] für das Majoritäts-Volumenband angegebene Wert von $\beta_{Cui} = 3.6 \pm 0.2$. Dies ist jedoch kein Widerspruch, da es sich, wie später gezeigt wird, bei den in dieser Arbeit gemessenen QWS um Minoritätszustände handelt und in ferromagnetischen Materialien die Elektron-Elektron-Streuung für Minoritätsladungsträger signifikant kleiner ist [125]. Ein zusätzlicher Beitrag zur Linienbreite durch Elektron-Magnon-Streuung wird erwartet [126], jedoch im angepassten Modell nicht berücksichtigt, da dieser Beitrag im Energiebereich der in dieser Arbeit erfassten Daten nicht von der Elektron-Elektron-Streuung unterschieden werden kann. Zur Bestimmung des Beitrages Γ_{mag} ist ein erfasster Energiebereich notwendig, der das vollständige Magnonen-Spektrum beinhaltet. Die Energieskala der Elektron-Magnon-Wechselwirkungen für Fe(110) wurde von Schäfer *et al.* unter Annahme eines dem Debye-Modells der Elektron-Phonon-Wechselwirkung entsprechenden Verlaufs (siehe Gleichung (5.3) und (5.5)) zu $E_{mag} = (160 \pm 20)$ meV bestimmt [127].

Der konstante Untergrund $\Gamma_{e-i} = (9.1 \pm 4.1)$ meV beinhaltet die Streuung an Defekten und ist zusätzlich durch die Spektrometerauflösung erhöht. Wie in Abschnitt 2.2.2 beschrieben, ergibt sich die gemessene Linienform aus einer Faltung der Spektralfunktion $\mathcal{A}(E)$ mit der Auflösungsfunktion $\mathcal{G}(E, \Delta E)$ des Spektrometers. Wird $\mathcal{A}(E)$ als lorentzförmig und $\mathcal{G}(E, \Delta E)$ als gaussförmig angenommen, ergibt sich ein sogenanntes Voigt-Profil. Der Zusammenhang der involvierten FWHM kann näherungsweise mit einem Fehler von ca. $0.02\,\%$ angegeben werden durch [128]:

$$\Gamma_V \approx 0.5346\,\Gamma_L + \sqrt{0.2166\,\Gamma_L^2 + \Gamma_G^2}, \qquad (5.6)$$

mit den jeweiligen FWHM Γ_L, Γ_G und Γ_V für Lorentz-, Gauss- und Voigt-Funktion. An der Fermienergie ist bei einer Temperatur von 40 K die Verbreiterung durch Elektron-Elektron-Streuung mit $\Gamma_{e-e} = 0.06$ meV vernachlässigbar; die Elektron-Phonon-Streuung trägt mit $\Gamma_{e-ph} = 1.41$ meV zur FWHM bei. Mit der Voigt-Breite $\Gamma_V = \Gamma_{e-ph} + \Gamma_{e-i} = 10.5$ meV und der Spektrometerauflösung (für E_pass = 5 eV und Spaltbreite 0.3 mm) von ΔE = 5.18 meV, ergibt sich mit Gleichung (5.6) ein bereinigtes $\Gamma_\text{e-i}$ = (6.4 ± 2.0) meV. Dieser Wert spricht für wohlgeordnete defektarme Filme.

Die in dieser Arbeit gemessene Linienbreite der QWS von Fe/W(110) als Funktion der Energie und damit $\Im\Sigma(E)$ zeigt innerhalb der ersten 30 meV um die Fermienergie den typischen Verlauf einer Elektron-Phonon-Wechselwirkung, was bedeutet, dass die QWS an das Phononenspektrum des Systems ankoppeln. Es konnten die Debye-Energie E_D sowie die Kopplungskonstante λ_ph bestimmt werden. Bemerkenswert dabei ist, dass diese Kopplung unabhängig von der Schichtdicke zu sein scheint. Für den weiteren Verlauf von $\Im\Sigma(E)$ für höhere Bindungsenergien wird ein Anstieg aufgrund der Elektron-Elektron- und Elektron-Magnon-Wechselwirkung erwartet. Die Daten zeigen zwar einen tendenziellen Anstieg. Dieser lässt jedoch wegen der großen Fehlerbalken keine definitive Aussage zu.

5.4 Anisotropie der Dispersion

Wie im vorhergehenden Abschnitt gezeigt, handelt es sich bei den in dieser Arbeit beobachteten QWS um Photoemissionsstrukturen nahe der Fermikante mit sehr geringer Halbwertsbreite. In $\overline{\Gamma\text{H}}$-Richtung zeigen diese eine parabolische Dispersion mit Bandmassen im unteren einstelligen Bereich verglichen mit der Masse eines freien Elektrons. Abbildung 5.6 (a) zeigt die zweite Ableitung eines ARPES-Datensatzes in $\overline{\Gamma\text{H}}$-Richtung. Die parabolische Dispersion der QWS ist deutlich zu erkennen und wurde mit Parabeln (blau) anhand der Fermivektoren k_F und Bindungsenergien E_0 modelliert, um die Bandmassen zu bestimmen. Diese ergaben sich für die QWS mit den Bindungsenerien E_0 zu $(1.7 \pm 0.4)\,m_e$ für E_0 = -10 meV, $(2.2 \pm 0.3)\,m_e$ für E_0 = -48 meV, $(2.6 \pm 0.4)\,m_e$ für E_0 = -91 meV und $(3.15 \pm 0.4)\,m_e$ für E_0 = -127 meV. Dieser aufsteigende Trend der effektiven Massen mit der Bindungsenergie zeigt sich für alle gemessenen Schichtdicken, wie in Abbildung 5.7 zu sehen ist.

Im Gegensatz dazu besitzen die QWS in $\overline{\Gamma\text{N}}$-Richtung sehr große effektive Massen (siehe Abbildung 5.6 (b)). Innerhalb der Fehlerbalken für die Bestimmung der Bindungsenergie $E_0(k_y)$ lässt sich keine Dispersion feststellen. Eine untere Abschätzung für die Bandmassen in $\overline{\Gamma\text{N}}$-Richtung innerhalb des Fehlers für $E_0(k_y)$ ergibt $\gtrsim 75\,m_e$ für den QWS mit E_0 = -10 meV und $\gtrsim 50\,m_e$ für E_0 = -48 meV.

Der Ursprung dieser Anisotropie in der Dispersion der QWS dünner Eisenfilme auf W(110) kann verschiedene Ursachen haben. So wäre es denkbar,

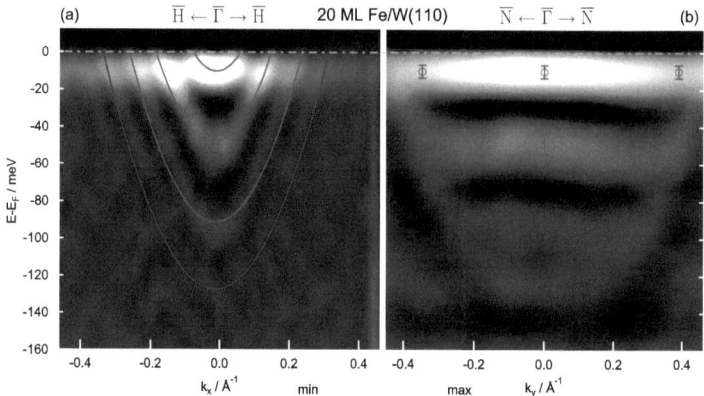

Abbildung 5.6: ARPES-Daten (2. Ableitung) von 20 ML Fe/W(110) in (a) $\overline{\Gamma H}$- und (b) $\overline{\Gamma N}$-Richtung. Ebenfalls eingezeichnet sind der Dispersion angepasste Parabeln zur Bestimmung der Bandmasse, welche in $\overline{\Gamma H}$-Richtung ca. $2\,m_e$ entspricht. In $\overline{\Gamma N}$-Richtung kann innerhalb der Fehlergrenzen keine Dispersion festgestellt werden. Eine Abschätzung der minimalen Bandmassen aufgrund der eingezeichneten Fehlerbalken ergibt $m_{eff}(-10\,\text{meV}) \gtrsim 75\,m_e$ und $m_{eff}(-48\,\text{meV}) \gtrsim 50\,m_e$. (ARPES-Daten ohne Ableitung im Anhang Abbildung A.6).

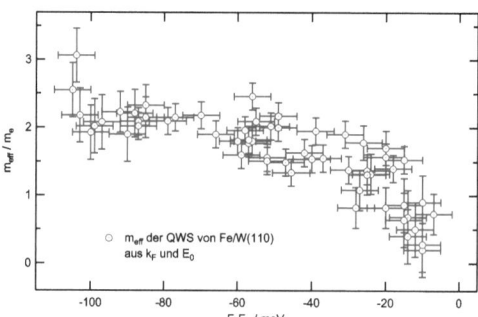

Abbildung 5.7: Effektive Massen m_{eff} der QWS von Fe/W(110) als Funktion der Energie E_0, bestimmt durch Anpassung von Parabeln an die Dispersion anhand k_F und E_0.

5.4. Anisotropie der Dispersion

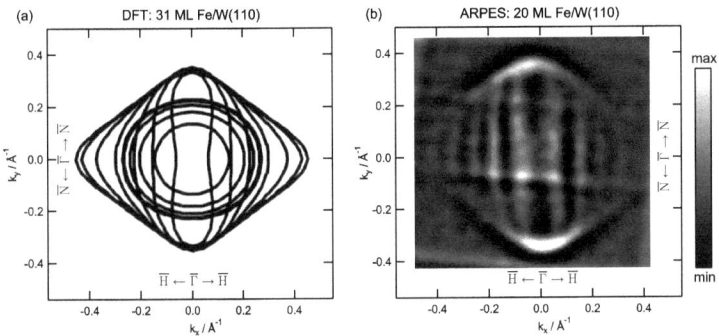

Abbildung 5.8: FSM dünner Eisenschichten. (a) Mit DFT (WIEN2k) von P. Blaha berechnete FSM der Minoritätszustände eines 31 ML dicken Fe-Slabs [126]. (b) Mit ARPES gemessene FSM (2. Ableitung) von 20 ML Fe/W(110). Die Anisotropie zwischen der $\overline{\Gamma H}$- und $\overline{\Gamma N}$-Richtung ist sowohl in (a) als auch in (b) deutlich zu erkennen. (ARPES-Daten ohne Ableitung im Anhang, Abbildung A.5).

dass es sich bei den Eisenschichten nicht um zweidimensionale geschlossene Filme handelt, sondern um (quasi-)eindimensionale Strukturen. Damit wären die Elektronen in zwei Richtungen eingesperrt und könnten nur in eine k-Richtung, in diesem Fall $\overline{\Gamma H}$, eine Dispersion ausbilden. Diese Anisotropie der Dispersion aufgrund einer eindimensionalen Quantentrogstruktur wurde von A. Mugarza et al. [129] für den OFZ auf gestuften Au(778)-Oberflächen mit ARPES-Messungen gezeigt. Die langreichweitige Ordnung bzw. der Verlust dieser Ordnung senkrecht zu den eindimensionalen Strukturen oder eine entsprechende Rekonstruktion der Oberfläche müsste jedoch in LEED-Experimenten zu erkennen sein, wie Schäfer et al. für eindimensionale Au-Ketten auf Ge(001) zeigten [130]. Bei dem in dieser Arbeit untersuchten System Fe/W(110) war dies jedoch nicht der Fall war.

Eine andere Erklärungsmöglichkeit ergibt sich aus dem Vergleich einer mit DFT berechneten und einer mit ARPES gemessenen FSM dünner Eisenfilme. Dazu wurde von P. Blaha eine FSM der Minoritätszustände der (110)-Oberfläche eines 31 ML dicken Eisen-slabs in bcc-Struktur mit dem WIEN2k Programmpaket berechnet [126] (siehe Abbildung 5.8 (a)). Diese DFT-Rechnung wurde in der GGA-Näherung von WIEN2k durchgeführt, da dieser bessere Ergebnisse für das $3d$-Metall Eisen liefert als mit der weitverbreiteten LDA. Aufgrund des endlichen slabs handelt es sich bei den berechneten Strukturen naturgemäß um QWS. Dabei sind zwei Arten von Zuständen mit unterschiedlichen Formen der Fermiflächen zu erkennen. Zum einen konzentrische Ellipsen mit der großen Halbachse in $\overline{\Gamma H}$-Richtung und geringer Exzentrizität, zum anderen Strukturen mit, in großen Bereichen nahezu parallelem, linearen Verlauf in $\overline{\Gamma N}$-Richtung, welche sich außen zu einer Raute überlagern. Die in Abbildung 5.8 (b) gezeigte, mit ARPES gemessene, FSM von 20 ML Fe/W(110) zeigt damit sehr gute Übereinstimmung, sowohl mit den in $\overline{\Gamma N}$-Richtung parallelen Streifen, als auch mit der umbeschriebenen Raute. Die konzentrischen Ellipsen geringer Exzentrizität sind in den ARPES-Daten nicht sichtbar. Um den Kontrast zu erhöhen und die relevanten Strukturen besser sichtbar zu machen, ist in Abbildung 5.8 (b) die zweite Ableitung der gemessenen FSM gezeigt. Die Originaldaten ohne Ableitung sind im Anhang in Abbildung A.5 zu sehen. Auch hier sind die relevanten Strukturen und Formen erkennbar.

Aus der Tatsache, dass es sich bei der gerechneten FSM um Minoritätszustände handelt und die FSM der gemessenen QWS sehr gut damit übereinstimmt, kann gefolgert werden, dass es sich einerseits bei den in dieser Arbeit gemessenen QWS um Minoritätszustände handelt andererseits die starke Anisotropie der Dispersion eine intrinsische Eigenschaft der elektronischen Struktur dünner Eisenfilme mit bcc-Kristallstruktur und (110)-Orientierung der terminierenden Oberfläche ist. Ein substratinduzierter Effekt ist unwahrscheinlich, da in den DFT-GGA-Rechnungen ein reiner Fe-slab ohne Substrat benutzt wurde. Die einzige offensichtliche Ursache der Ansiotropie stellt damit die zwar geringe, jedoch vorhandene Anisotropie der (110)-Oberfläche des Eisenfilms mit bcc-Struktur dar.

5.5 $k_\perp$-Bestimmung mit dem Phasenakkumulationsmodell

Wie im vorhergehenden Abschnitt ausgeführt wurde, zeigt Die Dispersion der QWS von Fe/W(110) am $\overline{\Gamma}$-Punkt eine starke Anisotropie bezüglich der $k_x(\overline{\Gamma H})$- und $k_y(\overline{\Gamma N})$- Richtung. Die k_z-Disperion ist bei konstanter Anregungsenergie mit ARPES nicht direkt bestimmbar. Aufgrund der Tatsache, dass es sich bei den untersuchten Zuständen um QWS handelt, kann jedoch mit Hilfe des PAM über die Entwicklung der QWS-Bindungsenergien mit der Schichtdicke auf $k_z(E)$ geschlossen werden (siehe Abschnitt 3.2.1). Dabei gilt die Beziehung (3.9) für Energiebereiche, in denen die Adsorbatelektronen durch eine Bandlücke im Substrat eingesperrt sind. Existieren jedoch

5.5. $k_\perp$-Bestimmung mit dem Phasenakkumulationsmodell

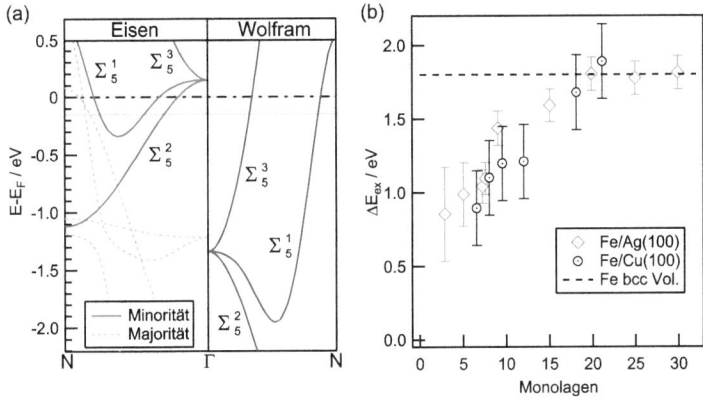

Abbildung 5.9: (a) Mit Hilfe des Programmpakets „Quantum ESPRESSO" (DFT mit GGA-Näherung) berechnete Bandstruktur [131, 132] von Eisen und Wolfram in $k_\perp(\Gamma N)$-Richtung. Der Energiebereich in dem QWS im Rahmen dieser Arbeit beobachtet wurden ist grau hinterlegt. (b) Austauschaufspaltung ΔE_{ex} für bcc-Eisen am H-Punkt in Abhängigkeit der Schichtdicke für Fe/Ag(100) (Chiaia et al. [133]) und Fe/Cu(100) (Glatzel et al. [134]). Erst ab ca. 18 ML ist der Wert für den Volumenkristall $\Delta E_{ex} = 1.8$ eV erreicht.

Zustände im Substrat, welche mit den Adsorbatzuständen koppeln können, muss eine zusätzliche Streuphase $\phi_{\text{scatt}}(E)$ eingeführt werden [33]:

$$\phi_B(E) + 2\,k_\perp(E)\,d + \phi_C(E) + \phi_{\text{scatt}}(E) = 2\pi n. \tag{5.7}$$

Genau genommen handelt es sich in diesem Fall nicht mehr um Quantentrogzustände (QWS) sondern um Quantentrogresonanzen (QWR). In Bereichen mit Zuständen gleicher Symmetrie in Substrat und Adsorbat basiert die Begrenzung der Adsorbatelektronen einzig auf der Streuung an der Grenzfläche aufgrund der unterschiedlichen Gitterparameter und atomaren Masse [33].

Abbildung 5.9 (a) zeigt die Bandstruktur von bcc-Eisen und Wolfram, jeweils in ΓN-Richtung, berechnet mit dem open-source Programmpaket „Quantum ESPRESSO" (DFT mit GGA-Näherung) [131, 132]. Die Minoritätszustände (rot) von Eisen sind gegen die Majoritätszustände (grau, gestrichelt) hervorgehoben, da anhand der Fermifläche in Abschnitt 5.4 ein Minoritätscharakter der untersuchten QWS festgestellt wurde und damit das den QWS zugrunde liegende Band ebenfalls Minoritätscharakter besitzen muss. Grau

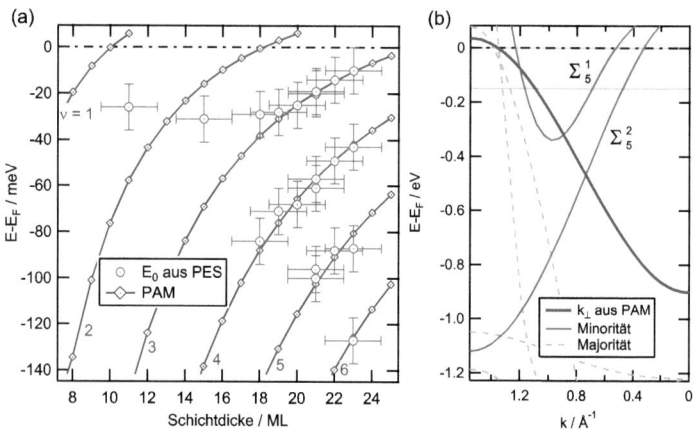

Abbildung 5.10: (a) Entwicklung der QWS von Fe/W(110). Das PAM (blau) passt bei größeren Schichtdicken ($N \leq 18$) nahezu perfekt zu den mit ARPES ermittelten Bindungsenergien E_0 (rot). (b) Mit dem PAM ermittelte $k_\perp$-Dispersion (blau) zusammen mit den DFT-Rechnungen aus Abbildung 5.9 (a). QWS wurden nur im grau hinterlegten Bereich beobachtet weshalb die mit dem PAM ermittelte $k_\perp$-Dispersion nur in diesem Energiebereich Aussagekraft besitzt.

hinterlegt ist der Energiebereich, in dem QWS im Rahmen dieser Arbeit beobachtet wurden. Wolfram besitzt in diesem Bereich Zustände mit Σ_5^1- und Σ_5^2-Symmetrie, wodurch im Substrat für diesen Energiebereich keine absolute Bandlücke existiert und im PAM die Streuphase ϕ_{scatt} berücksichtigt werden muss.

Die Austauschaufspaltung ΔE_{ex} in dünnen Fe-Filmen ist Schichtdickenabhängig, wie in Abbildung 5.9 (b) zu sehen ist. Die hier gezeigten Daten stammen aus IPES-Messungen von Fe/Ag(110) (Chiaia et al. [133]) und Fe/Cu(110) (Glatzel et al. [134]). Dabei erreicht ΔE_{ex} den Volumenwert für bcc-Eisen erst für Schichtdicken ab ca. 18 ML. Diese schichtdickenabhängige Variation der elektronischen Struktur wurde im hier angewandten PAM nicht berücksichtigt, wodurch die experimentellen Daten bei Schichtdicken < 18 ML vom PAM abweichen. Abbildung 5.10 (a) zeigt die Bindungsenergien der QWS bei $\overline{\Gamma}$ zusammen mit einem simulierten QWS-Verlauf aus dem angepassten PAM. Die Datenpunkte für die QWS mit Schichtdicken > 18 ML

5.5. $k_\perp$-Bestimmung mit dem Phasenakkumulationsmodell

(ν = 3, 4, 5 und 6) stimmen sehr gut mit den durch das PAM simulierten Positionen überein, wohingegen die beiden Datenpunkte bei kleineren Schichtdicken innerhalb der Fehlergrenzen nicht mit dem PAM vereinbar sind. Die beste Übereinstimmung zwischen Experiment und PAM wurde durch eine Streuphase ϕ_scatt entsprechend Gleichung (3.12) erreicht, die auch Shikin *et al.* bei der PAM-Auswertung des QWS-Systems Au/W(110) erfolgreich benutzten [33]:

$$\phi_\text{scatt} = 2\arccos\left(1 - \frac{2E}{E_U^* - E_L^*}\right). \qquad (5.8)$$

Diese funktionale Form ist aus einem einfachen Tight-Binding-Modell einer linearen Kette abgeleitet und wurde ebenfalls für $k_\perp(E)$ angenommen (siehe auch Abschnitt 3.2.1). E_U^* und E_L^* stehen dabei für die entsprechende obere und untere Bandkante. Die für ϕ_scatt relevanten Grenzen wurden anhand der durch Bandlücken begrenzten, mit DFT berechneten Wolframzustände in ΓN-Richtung als $E_{U,\text{scatt}}^* = 5.83\,\text{eV}$ und $E_{L,\text{scatt}}^* = -3.61\,\text{eV}$ gewählt.

Die Werte der Bandkanten für $k_\perp(E)$ ergeben sich aus der Anpassung an die gemessen QWS zu $E_{U,k_\perp}^* = 0.035\,\text{eV}$ und $E_{L,k_\perp}^* = -0.91\,\text{eV}$. Das für ϕ_B benötigte Vakuumlevel $E_V = 5.12$ wurde aus [135] entnommen. Abbildung 5.10 (b) zeigt die angepasste $k_\perp$-Dispersion (blau) zusammen mit den DFT-Bandstrukturrechnungen. Die mit dem PAM bestimmte $k_\perp$-Dispersion $k_{\perp,\text{QWS}}(E)$ hat jedoch nur im grau hinterlegten Energiebereich eine Aussagekraft, da nur hier experimentelle Daten vorliegen. In diesem relevanten Bereich schneidet $k_{\perp,\text{QWS}}(E)$ bei $k_\perp = 1.2\,\text{Å}^{-1}$ das Minoritäts-Σ_5^1-Band aus den DFT-Rechnungen, wodurch dieses als das den QWS zugrunde liegende Band identifiziert werden kann.

Der flachere Verlauf von $k_{\perp,\text{QWS}}(E)$ im Vergleich zum Minoritäts-Σ_5^1-Band aus den DFT-Rechnungen könnte darauf zurückzuführen sein, dass mit PES ein angeregter Quasiteilchenzustand des Systems gemessen wird, wobei DFT-Rechnungen den elektronischen Grundzustand beschreiben, vorausgesetzt die Eigenwerte der Kohn-Sham-Gleichungen können als Energieeigenwerte des realen Systems interpretiert werden. Ein entsprechendes Verhalten ist für Nickel bekannt, das in Photoemissionsmessungen signifikant schmälere d-Bänder zeigt, als aufgrund von DFT-LDA-Rechnungen erwartet wird. Varykhalov *et al.* [136] zeigten durch die Auswertung von QWS im System Ag/Ni(111), dass diese Diskrepanz auf Endzustandseffekte der Photoemissionsmessungen zurückzuführen ist.

5.6 Zusammenfassung

In diesem Kapitel wurde die elektronische Struktur von dünnen Eisenfilmen auf W(110) im Hinblick auf intrinsische Eigenschaften und Einflussfaktoren mit hochauflösender ARPES untersucht. Dabei wurden in $\overline{\Gamma\mathrm{N}}$-Richtung nahe der Fermienergie sehr scharfe Zustände mit Linienbreiten von ca. 10 meV und sehr großen effektiven Massen ($m_{\mathrm{eff}} > 75\,m_e$) beobachtet. Diese Eigenschaften sind charakteristisch für Elektronensysteme mit starken Korrelationen, was für das d-Metall Eisen durchaus zutreffen kann. In $\overline{\Gamma\mathrm{H}}$-Richtung weisen diese Zustände jedoch parabelförmige Dispersionen mit Bandmassen von nur ca. $2\,m_e$ auf, was wiederum auf schwach wechselwirkende, delokalisierte Elektronen hindeutet.

Aus der Linienbreitenanalyse der Zustände in Abhängigkeit der Energie lässt sich die charakteristische Form der Elektron-Phonon-Wechselwirkung erkennen und damit die Kopplung der Zustände an das Phononenspektrum bestimmen. Die ermittelte Debye-Energie stimmt sehr gut mit $E_{\mathrm{D}} = (25.9 \pm 3.7)$ meV mit Literaturwerten für die Oberflächen-Debye-Energie von Eisenfilmen überein. Die Elektron-Phonon-Kopplungskonstante $\lambda_{\mathrm{ph}} = 0.44 \pm 0.10$ liegt deutlich über den Literaturwerten für ein Fe-Volumenband; eine obere Abschätzung der Elektron-Elektron-Kopplungskonstante liegt dagegen signifikant darunter.

Die Anisotropie der Dispersion bezüglich der beiden Hochsymmetrierichtungen ist in den gemessenen Fermiflächen deutlich sichtbar und konnte im Vergleich mit DFT-GGA-Rechnungen als intrinsische Eigenschaft von QWS in dünnen Eisenfilmen identifiziert werden. Des weiteren kann aus der sehr guten Übereinstimmung zwischen gemessener und berechneter Fermifläche den beobachteten QWS ein Minoritätscharakter zugeordnet werden.

Die Entwicklung der Bindungsenergien der Zustände bei $\overline{\Gamma}$ mit der Schichtdicke entspricht dem Verhalten von QWS in Adsorbatfilmen und kann mit einem erweiterten Phasenakkumulationsmodell beschrieben werden. Die daraus ermittelte $k_\perp$-Dispersion lässt im Vergleich mit DFT-GGA-Rechnungen das den QWS zugrunde liegende Band als Band mit Minoritäts-Σ_5^1-Charakter identifizieren.

Zusammenfassend wurden scharfe Photoemissionsstrukturen dünner Fe(110)-Filme nahe der Fermienergie als intrinsisch stark anisotrope QWS mit Minoritäts-Σ_5^1-Charakter identifiziert und deren Kopplung an das Phononenspektrum bestimmt.

QWS werden jedoch nicht nur durch intrinsische Faktoren beeinflusst, sondern können auch durch extrinsische Einflüsse modifiziert werden. Ein wichti-

5.6. Zusammenfassung

ger, oft nicht zu vernachlässigender Faktor stellt dabei das Substrat dar, welches verschiedene Wechselwirkungen in Adsorbatsystemen induzieren kann. Im folgenden Kapitel wird dies am Beispiel koexistierender, sowohl intrinsischer als auch durch das Substrat induzierter, extrinsischer Spin-Bahn- und Austausch-Wechselwirkungen und deren Einflüsse auf Grenzflächen- und Quantentrogzustände ferromagnetischer Ni-Systeme untersucht.

Kapitel 6

AUSTAUSCH- UND SPIN-BAHN-WECHSELWIRKUNG IN NICKELSYSTEMEN

6.1 Einleitung

In Dünnschichtsystemen hat das Substrat, in Abhängigkeit der Schichtdicke, unter Umständen einen großen Einfluss auf die elektronische Struktur des Adsorbatfilms. Dies gilt für Grenzflächen- [65, 68] wie auch für Quantentrogzustände [34, 97]. So können in einem Adsorbatfilm durch die Austauschaufgespaltene Bandstruktur eines ferromagnetischen Substratmaterials spinpolarisierte Zustände induziert werden.

Eine weitere Möglichkeit für die Entstehung spinpolarisierter Zustände stellt die Spin-Bahn-Wechselwirkung dar, was unter anderem in Spintronicanwendungen ausgenutzt wird [3]. Wie bereits in Abschnitt 3.3 erläutert wurde, kann durch die gebrochene Inversionssymmetrie an Grenzflächen und in quasi-zweidimensionalen Strukturen die Spinentartung aufgehoben und eine Aufspaltung der Zustände mit ungleicher Spinrichtung die Folge sein. Im Rashba-Modell resultiert daraus eine lineare Energieaufspaltung mit $\vec{k}$. Experimentell ist dies bei Zuständen der schweren Metalle Au(111) [39, 40], W(110) [137] und Bi(110) [138] nachgewiesen, wobei bei leichten Metallen wie Cu(111) und Ag(111) keine Rashba-Aufspaltung beobachtet wird [62], da der Potenzialgradient in Kernnähe maßgeblich zur Spin-Bahn-Aufspaltung beiträgt. Wie unter anderem in den Systemen Ag/W(110) [139] und Al/W(110) [140] gezeigt wurde, kann eine Spin-Bahn-Aufspaltung in dünnen Filmen jedoch auch durch ein Substrat mit großer Atommasse induziert werden.

Für viele Spintronic-Anwendungen, wie den von Datta und Das vorgeschlagen Spin-Feldeffekttransistor [3], sind ferromagnetische Materialien für die Spininjektion unverzichtbar, zur Spinmanipulation wird wiederum die Spin-Bahn-Wechselwirkung ausgenutzt [141]. Daher ist es von großem Interesse, elektronische Systeme zu untersuchen, welche beiden Einflüssen unterliegen. So zeigt ferromagnetisches Gd(0001) mit seiner großen Atommasse modellartig eine Kombination aus, in diesem Fall intrinsischer, Rashba- und Austauschaufspaltung des Oberflächenzustandes [142].

Auch im Hinblick auf Spintronicanwendungen stellt sich die Frage, inwiefern eine in dünnen Filmen durch das Substrat und damit extrinsisch induzierte Spin-Bahn- oder Austauschwechselwirkung die elektronische Struktur beeinflusst und ob diese Einflüsse durch die Schichtdicke kontrolliert einstellbar sind. Zur Beantwortung dieser Fragestellung werden in diesem Kapitel verschiedene Materialsysteme untersucht. Als System mit intrinsisch Rashba-aufgespaltenem OFZ des Adsorbatmaterials und potenziell durch das Substrat induzierter, extrinsischer Austauschaufspaltung wurde Au/Ni(111) verwendet. Demgegenüber wurde Ni/W(110) als System mit intrinsisch ferromagnetischem Adsorbat und durch das Substrat induzierter, extrinsischer Spin-Bahn-Wechselwirkung untersucht.

6.2 Auswirkungen der Austausch- und Spin-Bahn-Wechselwirkung

In ferromagnetischen Systemen mit itinerantem Magnetismus lässt sich die elektronische Struktur der Majoritäts- und Minoritätszustände im Stonerbild im einfachsten Fall als zwei identische Bandstrukturen beschreiben, welche energetisch gegeneinander verschoben sind. Die Austauschaufspaltung ist somit isotrop $\Delta E_{\text{ex}}(\vec{k})$ = konst. und für das Beispiel einer parabolischen Dispersion ergeben sich als Fermifläche zwei konzentrische Kreise, wie in Abbildung 6.1 (b) dargestellt. Ein Schnitt in eine beliebige $k_\parallel$-Richtung ergibt zwei in E verschobene, um $\overline{\Gamma}$ symmetrische Parabeln.

In einem quasi-zweidimensionalen System mit gebrochener Inversionssymmetrie führt die Spin-Bahn-Wechselwirkung zu einer spinabhängigen Aufspaltung der Zustände. Der entsprechende Rashba-Hamiltonoperator hat die Form

$$\hat{H}_{\text{SOS}} = \alpha_R \vec{\sigma} \cdot \left(\vec{e}_z \times \vec{k} \right) \tag{6.1}$$

mit den Pauli-Spinmatrizen $\vec{\sigma}$ und dem Rashba-Parameter α_R. Hierbei steht die Spinorientierung aufgrund des effektiven Magnetfelds im Ruhesystem des

6.2. Austausch- und Spin-Bahn-Wechselwirkung

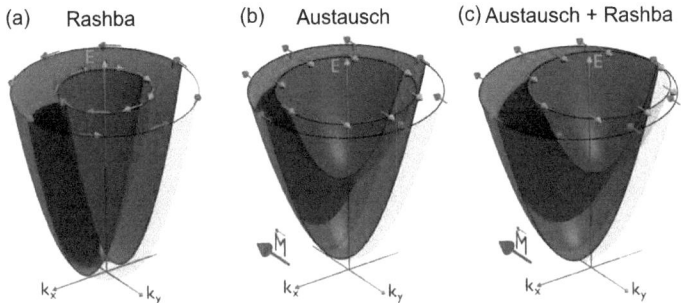

Abbildung 6.1: Skizzierte spinaufgelöste dreidimensionale Dispersion eines freien Elektronenzustandes mit (a) Rashba-, (b) Austausch- und (c) kombinierter Rashba- und Austausch-Wechselwirkung. Die vordere Hälfte der Dispersion ist transparent dargestellt, die Spinrichtungen sowie die Magnetisierungsrichtungen sind durch Pfeile gekennzeichnet. Rot enstpricht Spin-up bzw. Majoritätsspin, Blau entspricht Spin-down bzw. Minoritätsspin. Im Fall (c) verschwindet die Rashba-Aufspaltung in Magnetisierungsrichtung (k_y), da hier $\vec{k} \parallel \vec{\sigma}$.

Elektrons, das die entsprechende Quantisierungsachse definiert, immer senkrecht zu dem dazugehörigen $\vec{k}$-Vektor [143, 144]. Damit kann $\hat{H}_{SOS}$ für $k_\parallel$ als $\alpha_R (\sigma_x k_y - \sigma_y k_x)$ geschrieben werden. Die spinabhängige Aufspaltung ist somit linear in $|\vec{k}|$ und für einen quasi-freien-Elektronen-Zustand ergeben sich in jede $k_\parallel$-Richtung zwei in $|\vec{k}|$ gegeneinander verschobene Parabeln, für die entsprechende Fermifläche hingegen, wie im ferromagnetischen Fall, zwei konzentrische Kreise (siehe Abbildung 6.1(a)).

In einem ferromagnetischen System mit SO-Wechselwirkung ist die Spin-Quantisierungsachse durch die Magnetisierungsrichtung $\vec{M}$ gegeben. Damit steht die Spinrichtung nicht mehr senkrecht auf allen $\vec{k}$ und die Rashba-Aufspaltung wird anisotrop. Sie ist maximal für $\vec{k} \perp \vec{M}$ und verschwindet für $\vec{k} \parallel \vec{M}$. Die Gesamtaufspaltung $\Delta E_{\text{ges}} = \Delta E_{\text{ex}} + \Delta E_{\text{SO}}$ ist damit ebenfalls anisotrop und die resultierende Fermifläche besteht aus zwei Kreisen, welche in der Richtung senkrecht zu $\vec{M}$ gegeneinander verschoben sind (siehe Abbildung 6.1 (c)). Ein Schnitt in Magnetisierungsrichtung entspricht damit dem reinen ferromagnetischen Fall ohne SO-Wechselwirkung und zeigt zwei in E verschobene, um $\overline{\Gamma}$ symmetrische Parabeln. Ein Schnitt senkrecht zu $\vec{M}$ beinhaltet jedoch zwei Parabeln, die sowohl in E als auch in k gegeneinander verschoben sind und damit eine asymmetrische Dispersion darstellen. Durch eine Umkehrung der Magnetisierungsrichtung wechselt auch das Vorzeichen für die Verschiebung der Paraboloide senkrecht zu $\vec{M}$. Dieser Effekt kann in ARPES-Messungen ausgenutzt werden, um eine Koexistenz von Austausch- und Rashba- Aufspaltung zu erkennen, indem zwei Datensätze senkrecht zu $\vec{M}$ mit jeweils umgekehrter Magnetisierungsrichtung verglichen werden.

6.3 Au/Ni(111)

6.3.1 Probenpräparation und Charakterisierung

Das einkristalline Ni(111)-Substrat von Mateck wurde mit Standard-Sputter-Heiz-Zyklen präpariert, wobei der Kristall bei einer Beschleunigungsspannung der Ar$^+$-Ionen von 2 kV für 20 min bei einem Ar-Partialdruck von 5×10^{-5} mbar gesputtert und anschließend bei 600-700 °C für 3 min getempert wurde. Für die Präparation der Au-Filme wurde Gold aus einem Elektronenstrahlverdampfer mit einer Dampfrate von 0.1 ML/min auf das auf 50 K vorgekühlte Substrat gedampft. Zur Verbesserung des Filmwachstums erfolgte eine Extraktion der im Teilchenstrahl befindlichen Ionen von einer Elektrode knapp oberhalb der Verdampferöffnung mit einer Absaugspannung von -3 kV. Nach Abschluss des Dampfprozesses wurden die kalt gedampften Filme erwärmt, um die Ordnung im Film zu erhöhen und defektarme, atomar glatte Filme zu erhalten. Dazu wurde ein Filament ca. 2 mm unter der Probenhalterrückseite positioniert und für 5 min ohne Beschleunigungsspannung bei 3 A Filamentstrom betrieben. Die Sauberkeit und Oberflächenqualität der Probe wurde mit Hilfe von XPS, LEED und ARUPS überprüft.

Eine saubere, wohlgeordnete Ni(111)-Oberfläche zeichnet sich in ARUPS-Messungen durch einen scharfen Majoritäts-OFZ mit einem Bandminimum bei $\overline{\Gamma}$ von -145 meV und einer effektiven Masse von 0.13 m_e aus. Das mit He I$_\alpha$-Anregung gemessene Valenzbandspektrum beinhaltet intensive d-Bänder im Energiebereich zwischen E_F und -2 eV. Die langreichweitige Ordnung der Oberfläche resultiert in einem regelmäßig hexagonalen LEED-Beugungsmuster mit scharfen, intensiven Reflexen und geringer Untergrundintensität (siehe Abbildung 6.2 (a)).

Sowohl Au als auch Ni besitzen eine fcc-Gitterstruktur, doch durch den Unterschied ihrer Gitterkonstanten von 15.7 % (a_{Au} = 4.079 Å, a_{Ni} = 3.524 Å) [145] bildet sich für die erste Au-Monolage ein (9×9)-LEED-Beugungsbild aus (siehe Abbildung 6.2 (b)). Auf 9 Ni-Atome kommen dabei 8 Au-Atome, welche ein Moirée-Muster bilden. Beim Tempern ordnen sich die Grenzflächenatome des Ni-Substrates in dreieckige Fehlversetzungsschleifen um

6.3. Au/Ni(111)

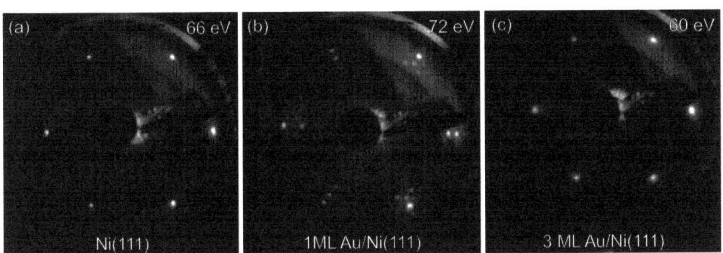

Abbildung 6.2: LEED-Bilder von (a) sauberem Ni(111), (b) 1 ML Au/Ni(111) und (c) 3 ML Au/Ni(111). Für 1 ML Au ist die (9×9)-Überstruktur aufgrund der unterschiedlichen Gitterkonstanten von Ni und Au deutlich zu erkennen. Ab 3 ML ist die Au-Oberfläche relaxiert und ein ungestörtes (1×1)-Beugungsbild einer Au(111)-Oberfläche zu sehen.

[146]. Ab drei Atomlagen ist die Au-Oberfläche relaxiert, was sich in einem (1×1)-LEED-Muster wiederspiegelt, gezeigt in Abbildung 6.2 (c) für 3 ML Au/Ni(111).

Die Schichtdicke wurde anhand der Depositionsdauer und der Dampfrate von 0.1 ML/min bestimmt. Die Kalibrierung der Dampfrate sowie eine regelmäßige Überprüfung der Schichtdicke fand mit XPS-Messungen unter Zuhilfenahme der „NIST Electron Effective-Attenuation-Length Database" [119] und der Abschwächung des Ni 2p-Signals statt. Eine unabhängige Verifizierung ist durch das (9×9)-LEED-Beugungsmuster für 1 ML Au/Ni(111) möglich. Zusätzlich ermöglicht die Valenzbandstruktur in ARUPS-Messungen Rückschlüsse sowohl auf die Schichtdicke als auch auf die Filmqualität. Abbildung 6.3 visualisiert die Entwicklung des UPS-Valenzbandspektrums mit der Au-Schichtdicke anhand von EDCs bei $\overline{\Gamma}$. Die Benennung der Strukturen entspricht derjenigen von Courths et al. [147]. Die Ziffern 2-6 stehen für den Bandindex der Volumen-Anfangszustände. D1-D3 wurden als Oberflächenresonanzen vermutet, was von Zimmer et al. [148] bestätigt wurde. Gleiches gilt für die Schulter S, welche auch bei Ag(111) und Cu(111) zu finden ist. Der Au(111)-Shockley-Zustand ist als OFZ markiert. Die Ni-d-Bandemission zwischen -2 eV und E_F wird mit den ersten 2-3 ML Au unterdrückt. Die Au-d-Bänder bauen sich sukzessive auf, wobei wie zu erwarten die oberflächeninduzierten Strukturen D1, D2 und S zuerst an Intensität gewinnen. Mit 9 ML ist das Valenzbandspektrum bis auf die Struktur 2,3 bereits sehr ähnlich zu Messungen an Volumenkristallen. Im Bereich zwischen der Struktur 6 und S sind mehrere intensitätsschwache Strukturen zu erkennen, welche *sp*-artigen QWS zugeordnet werden können. In ARUPS-Daten ist die parabelförmige Dispersion dieser QWS sehr schwach auch im Bereich zwischen der Schulter S und dem Shockley-Zustand zu beobachten. Aufgrund der geringen Intensität und der Tatsache, dass sie in weiten Bereichen von den *d*-Bändern überlagert werden, konnten die *sp*-artigen QWS nicht genauer ausgewertet werden. Sie liefern jedoch einen zusätzlichen Hinweis auf ein Lage-bei-Lage-Wachstum mit atomar glatten Filmoberflächen.

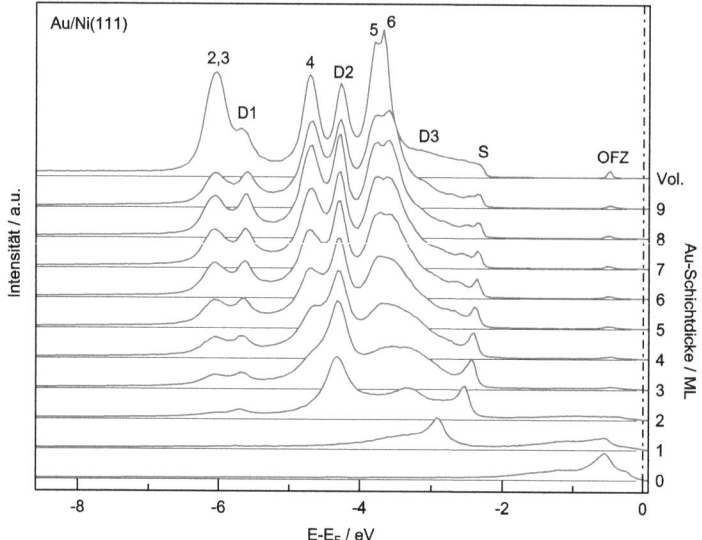

Abbildung 6.3: Entwicklung des UPS-Valenzbandspektrums (EDC bei $\overline{\Gamma}$, $h\nu$ = 21,2 eV) von Au/Ni(111) mit der Au-Schichtdicke. Die *d*-Valenzbandstruktur wird zukzessive aufgebaut. Die Benennung der Strukturen folgt der Zuordnung von Courths *et al.* [147], wobei 2-6 der Volumenbandstruktur zugeordnet werden. D1-D3, sowie die Schulter S sind oberflächeninduziert [148]. Der Shockley-Zustand der Au(111)-Oberfläche ist als „OFZ" markiert.

6.3.2 Vergleich ARPES-Messung und Rechnung

Die Einflüsse einer koexistenten SO- und Austauschwechselwirkung auf die elektronische Struktur des Dünnschichtsystems Au/Ni(111) werden im Folgenden mit Hilfe hochaufgelöster ARPES-Messungen im Vergleich mit Photoemissionsrechnungen untersucht. Alle ARPES-Daten wurden mit He I_α-Anregung und einer Energieauflösung von 5.18 meV gemessen. Die elektronischen Strukturrechnungen wurden von J. Minár, die Photoemissionsrechnungen von J. Braun durchgeführt [149]. Im Rahmen der Photoemissionsrechnung erfolgt zunächst eine selbstkonsistente elektronische Strukturrechnung für den Halbraum mit dem SPR-KKR-Programmpaket der Fakultät für Chemie der Ludwig-Maximilians-Universität München. SPR-KKR steht hierbei für „spin polarized relativistic Korringa-Kohn-Rostoker". Da es sich um eine echte Halbraumrechnung handelt, wird eine realistische Oberfläche ohne Effekte einer endlichen Ausdehnung, wie z.B. bei DFT-slab-layer-Rechnungen vorhanden, simuliert. Das Ergebnis der elektronischen Strukturrechnung mit lokaler Spindichte-Näherung (LSDA) dient im zweiten Schritt als Grundlage für die Simulation eines ARPES-Datensatzes. Dieser wird im LEED-Formalismus berechnet, wobei zur richtigen Beschreibung von Oberflächenresonanzen und Oberflächenzuständen ein zusätzliches heuristisches Barrierenpotenzial als nullte Schicht benutzt wird.

Abbildung 6.4 zeigt einen Vergleich zwischen berechneten (a) bzw. (b) und gemessenen (c) ARPES-Datensätzen von Au/Ni(111) mit Bedeckungen von 0-3 ML. Die berechneten Daten sind dabei auf zwei Arten dargestellt. Um den Spincharakter der Strukturen zu visualisieren ist in (a) die Differenz der beiden Spinkanäle mit einer Farbcodierung dargestellt, welche positive Werte (Majoritätscharakter) rot, negative (Minoritätscharakter) blau darstellt. Die Summe der Spinkanäle, gezeigt in (b), simuliert spinintegrierte ARPES-Daten. Für sauberes Ni(111) zeigen die Rechnungen einen elektronenartigen Majoritäts-OFZ mit einer Bindungsenergie von $E - E_F = -73$ meV und eine lochartige Minoritäts-Oberflächenresonanz, die bis knapp oberhalb von E_F reicht. Mit der Au-Bedeckung schieben diese oberflächeninduzierten Strukturen nach unten zu kleineren Energien. Die Energie des Majoritätszustandes bei $\bar{\Gamma}$ entspricht $E - E_F = -335$ meV für 1 ML, -480 meV für 2 ML und -481 meV für 3 ML, wobei im EDC bei $\bar{\Gamma}$ für 2 und 3 ML kein Unterschied zwischen Majoritäts- und Minoritätsstrukturen mehr feststellbar ist. Die berechnete Austauschaufspaltung für den OFZ von sauberem Ni(111) beträgt 260 meV. Bereits für 1 ML Au/Ni(111) ist in den berechneten ARPES-Daten jedoch schon keine Austauschaufspaltung mehr erkennbar. Darüber hinaus erscheint der Zustand mit Minoritätscharakter mit zunehmendem $|k_\parallel|$ stark

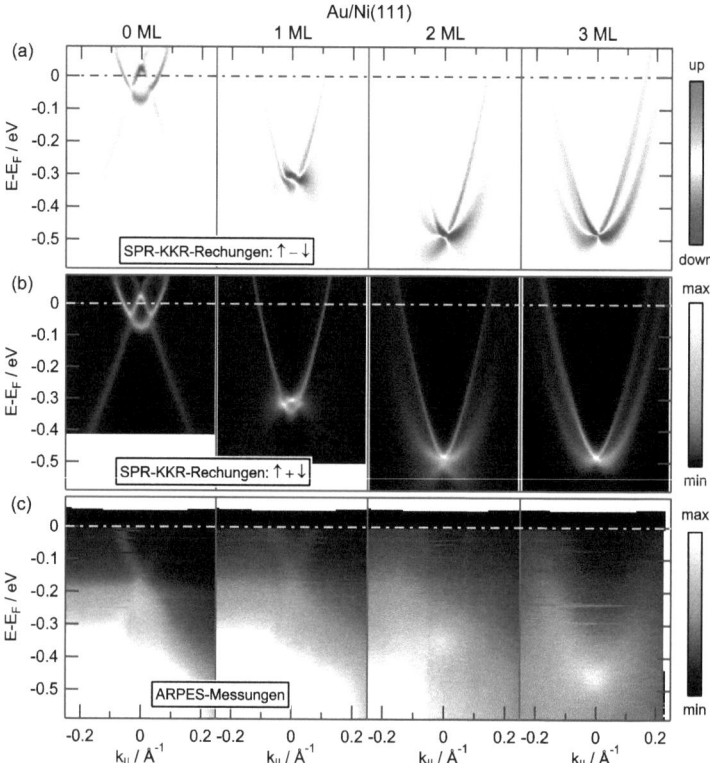

Abbildung 6.4: ARPES-Daten des OFZ von 0-3 ML Au/Ni(111) in farbcodierter Darstellung. (a) und (b) zeigen ARPES-Rechnungen im LEED-Formalismus mit SPR-KKR-Halbraumrechnungen als Grundlage, durchgeführt von J. Braun und J. Minár [149]. Um den Spincharakter der Strukturen sichtbar zu machen ist in (a) die Differenz der Spinkanäle gezeigt, wobei blau für überwiegenden Majoritäts- und rot für Minoritätscharakter steht. Die Summe der Spinkanäle (b) simuliert spinintegrierte ARPES-Messungen. (c) ARPES-Messungen mit He I$_\alpha$-Anregung.

verbreitert und damit intensitätsschwach. Auch für 2 ML Au sind die Zustände bei größeren $|k_\parallel|$-Werten stark verbreitert, wenn auch nicht ganz so stark wie für 1 ML Au. Innerhalb der ersten drei Au-Monolagen bildet sich eine Rashba-artige Aufspaltung aus, welche in den spinintegrierten Daten symmetrisch um $\overline{\Gamma}$ erscheint und in den spincharakteraufösenden Differenzdaten statt einer Energie- einer k-Verschiebung der parabelförmigen Zustände entspricht. Eine Asymmetrie, wie für eine Koexistenz für Austausch- und SO-Wechselwirkung erwartet, lässt sich am ehesten in den spinaufösenden Daten von 2 ML Au/Ni(111) erkennen. für spinintegrierte ARPES-Daten ist jedoch keine Asymmetrie sichtbar, da die Strukturen komplett symmetrisch um $\overline{\Gamma}$ erscheinen. Für 3 ML stimmen sowohl die Bindungsenergie als auch die Bandmasse und die Rashba-Aufspaltung bereits gut mit den Parametern des Au(111)-OFZ überein. Dies kann gut nachvollzogen werden, da die Dämpfungslänge des OFZ von Au(111) in das Material nur 3.6 ML beträgt [150, 61].

In den ARPES-Messungen ist der OFZ von sauberem Ni(111) mit $E - E_F = (-145 \pm 10)$ meV im Vergleich zu den Rechnungen stärker gebunden und die Oberflächenresonanz berührt ihn durch ihre maximale Energie von $E - E_F = (-190 \pm 10)$ meV beinah, wodurch eine X-förmige Struktur entsteht. Ab ca. -200 meV steigt die Untergrundintensität aufgrund der Ni-d-Bänder stark an, was in den Rechnungen nicht zu sehen ist. Im Gegensatz zu den Rechnungen schiebt der OFZ für 1 ML Au nicht zu kleineren Energien. Die gemessenen Daten zeigen vielmehr einen leicht nach oben verschobenen scharfen OFZ bei einer Energie von $E - E_F = (-130 \pm 10)$ meV. Mit einer Bedeckung von 2 ML Au bildet sich bei $E - E_F = (-360 \pm 10)$ meV ein breites Intensitätsmaximum aus, welches für 3 ML zu $E - E_F = (-455 \pm 15)$ meV schiebt. Für 3 ML lässt sich des weiteren eine Dispersion erkennen, die mit derjenigen von 2 bzw. 3 ML Au in den berechneten Datensätzen vergleichbar ist.

Die feinen Strukturen um $\overline{\Gamma}$ in den berechneten ARPES-Daten sowie deren Kreuzungen und Trennungen sind in den Messungen nicht auflösbar, weil die Strukturen in den experimentellen Daten zum einen stark verbreitert sind und zum anderen von Ni-d-Bandemissionen überlagert werden. Die Ni-d-Bandemission nimmt zwar mit steigender Au-Schichtdicke ab, trägt jedoch bei 3 ML noch deutlich zum Messsignal bei. Die gemessenen Bindungsenergien bei den entsprechenden nominell deponierten Au-Bedeckungen stimmen nicht mit den berechneten Werten überein. Vielmehr scheint die Bindungsenergie des berechneten OFZ von 1 ML zur Bindungsenergie des Intensitätsmaximums der gemessenen ARPES-Daten von 2 ML zu passen. Entsprechendes gilt für die Rechnung von 2 ML und Messung von 3 ML. Diese Abweichung bzw. Verschiebung zwischen den gemessenen und den berechneten Daten

98 Kapitel 6. Austausch- und SO-Wechselwirkung in Ni-Systemen

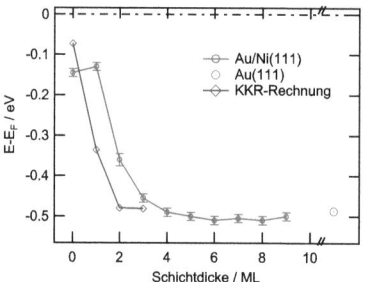

Abbildung 6.5: Bindungsenergie des OFZ von Au/Ni(111) bei $\bar{\Gamma}$ relativ zu E_F als Funktion der Schicktdicke. Bis auf eine Verschiebung von 1 ML stimmen die Messungen (rot) gut mit den KKR-Rechnungen (blau) überein. Bereits ab 3 ML ist die Bindungsenergie vom Au(111)-OFZ erreicht.

von 1 ML kann jedoch darauf zurückzuführen sein, dass die erste Monolage Au/Ni(111) eine Oberflächenlegierung bildet [145], was in den Rechnungen nicht berücksichtigt wurde. Somit ist die erste geschlossene Au-Monolage erst bei einer Bedeckung von nominell 2 ML erreicht. Eine gemeinsame Auftragung der berechneten wie auch der gemessenen Bindungsenergien des OFZ von Au/Ni(111) ist in Abbildung 6.5 zu sehen.

Eine Rashba-Aufspaltung kann in den experimentellen Daten ab einer Au-Bedeckung von 9 ML aufgelöst werden (siehe Abbildung 6.6). $\Delta k_\parallel = (0.024 \pm 0.002)$ Å^{-1} entspricht dabei innerhalb der Fehlergrenzen dem Wert von Au(111). Dies ist durch die Dämpfungslänge des OFZ von Au(111) in das Material von 3.6 ML [150, 61] begründet, wodurch die Wellenfunktion des OFZ bei einer Schichtdicke von 9 ML vollständig im Au-Film lokalisiert ist. Auffällig ist, dass die Rashba-Aufspaltung im oberen Teil der sichtbaren Parabel gut aufgelöst werden kann, wohingegen dies im unteren Teil nicht möglich ist. Diese Beobachtung korreliert mit dem Energiebereich der bereits genannten Ni-d-Bandemission. Aufgrund des Anstiegs der Untergrundintensität für $E < -200$ meV und der Tatsache, dass mit der Abnahme der Untergrundintensität für größere Schichtdicken $\Delta k_\parallel$ in einem größeren Energiebereich aufgelöst werden kann, legt eine Verbreitung des OFZ durch Streuung an den Ni-d-Zuständen nahe. Diese sind offensichtlich teilweise im Au-Film lokalisiert, da zum einen durch die geringe Austrittstiefe der Photoelektronen nur die obersten Atomlagen sondiert werden und bei einer Schichtdicke von 9 ML keine Photoelektronen aus dem Ni-Substrat zum Messsignal beitragen, und

6.3. Au/Ni(111)

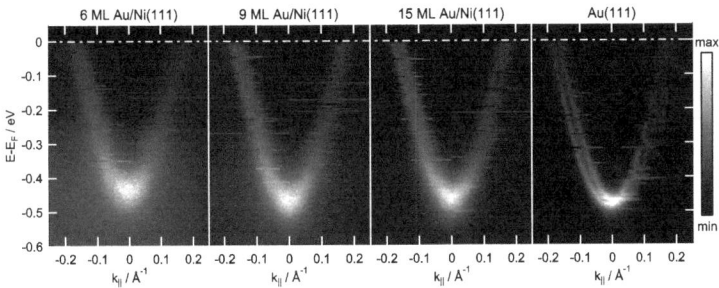

Abbildung 6.6: ARPES-Messungen des OFZ von Au/Ni(111) sowie von Au(111) in farbcodierter Darstellung. Ab 9 ML Au auf Ni(111) ist eine Rashba-Aufspaltung ΔE_{SO} des OFZ zu erkennen. Sowohl ΔE_{SO} als auch die Bindungsenergie entspricht im Rahmen des Fehlers den Parametern des OFZ einer Au(111)-Oberfläche.

zum anderen durch die Lokalisierung des OFZ an der Oberfläche, dieser nur an Zuständen streuen kann, die zumindest teilweise im Au-Film lokalisiert sind.

Für 3 ML Au/Ni(111) ist in den berechneten Daten $\Delta k_{\parallel} = 0.05 \text{Å}^{-1}$ zwar um einen Faktor 2 größer als für Au(111), kann in den Messungen dennoch nicht aufgelöst werden. Die einfachste Erklärung dafür ist eine schlechte Filmqualität und damit eine große Defektstreuung. Als Gegenargumente können die scharfen LEED-Bilder mit geringer Hintergrundintensität sowie das Vorhandensein von QWS und scharfe, dispergierende Au-d-Bänder mit geringem Untergrund aufgeführt werden. Eine weitere Möglichkeit steht im Zusammenhang mit der Magnetisierung der Probe in Verbindung mit der Eigenschaft der ARPES-Messung, über einen makroskopischen Anteil der Probenoberfläche zu integrieren. In Abbildung 6.7 ist die Auswirkung der Magnetisierung auf ARPES-Messungen für Systeme mit koexistierender Austausch- und SO-Wechselwirkung anhand der Fermifläche eines freien Elektronen-Zustandes und der skizzierten Spinorientierung der verschiedenen Weiss-Bezirke im Kristall (rote Pfeile) dargestellt. Für eine vollständig magnetisierte Probe entspricht die Spinorientierung aller Weiss-Bezirke der Magnetisierungsrichtung, dargestellt in (a) und (c). Für eine nicht-magnetisierte Probe ist die Spin-Ausrichtung der Weiss-Bezirke dagegen statistisch verteilt (siehe Skizze (b)). Entspricht die Magnetisierungsrichtung wie in (a) der Oberflächennormalen $\vec{M} \parallel \vec{\sigma}$, kann sich keine Rashba-Aufspaltung ausbil-

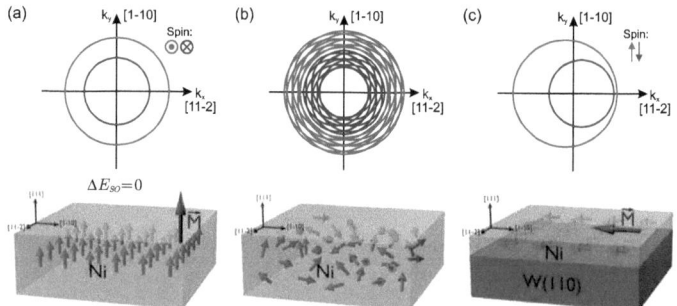

Abbildung 6.7: Auswirkung der Magnetisierungsrichtung auf ARPES-Messungen für Systeme mit koexistenter SO- und Austauschaufspaltung am Beispiel von Ni(111). Gezeigt sind schematische FSM (oben) und zugrunde liegende Spinausrichtungen in der Probe (unten). (a) Durch die Magnetisierung in $[111](\vec{e}_z)$-Richtung des Volumenkristalls ist $\Delta E_{SO} = 0$. (b) Für eine nichtmagnetisierte Probe mittelt sich die Asymmetrie der FSM über die verschieden orientierten Weiss-Bezirke (rote Pfeile) zu einer isotropen Verbreiterung der Strukturen. (c) Die Magnetisierung in der Ebene dünner Ni-Filme resultiert in scharfen Strukturen mit deutlich sichtbarer Asymmetrie der FSM.

den, da $\vec{\sigma} \| \vec{e}_z$ und damit $\hat{H}_{SOS} = \alpha_R \vec{\sigma} \cdot (\vec{e}_z \times \vec{k}) = 0$. Somit bleibt ein rein austauschaufgespaltener Zustand mit einer symmetrischen Fermifläche. Liegt die Magnetisierungsrichtung in der Oberflächenebene wie in (c) gezeigt, ist die Rashba-Aufspaltung senkrecht zu $\vec{M}$ maximal und verschwindet parallel dazu (vergleiche Abbildung 6.1 (c)). Eine asymmetrische Fermifläche mit scharfen Strukturen ist die Folge. Sind in einer nicht-magnetisierten Probe die Weiss-Bezirke jedoch statistisch orientiert, mitteln sich in einer integrierenden Messung die Fermiflächen der einzelnen Weiss-Bezirke zu einer symmetrischen Fermifläche mit stark verbreiterten Strukturen (b). Da es sich in den hier gezeigten Messungen um eine nicht-magnetisierte Probe handelt, ist dieser Verbreiterungsmechanismus eine mögliche Ursache für die sehr breiten symmetrischen Strukturen in den ARPES-Daten von Au/Ni(111). Eine homogene remanente Magnetisierung der Probe parallel zur Oberfläche ist bei der Ni(111)-Probe nicht möglich, da die Vorzugsrichtung der Magnetisierung eines Ni-Einkristalls der [111]-Richtung entspricht [151]. Für dünne Filme ändert sich die leichte Magnetisierungsrichtung von Nickel jedoch in die, parallel zur Oberflächenebene orientierte, [1-10]-Richtung [152] (siehe Skizze in (c)). Die Argumentation der Verbreiterung durch eine nicht-magnetisierte Probe

6.3. Au/Ni(111)

	magnetisches Moment pro Atom / μ_B	
Position	1 ML Au/Ni(111)	2 ML Au/Ni(111)
← Au 2		-0.0015
← Au 1	-0.0086	-0.0067
← Ni 1	0.327	0.319
← Ni 2	0.608	0.586
← Ni 3	0.575	0.574

Tabelle 6.1: Magnetisches Moment pro Atom in Abhängigkeit der Position relativ zur Au/Ni-Grenzfläche für die beiden Systeme 1 ML Au/Ni(111) und 2 ML Au/Ni(111). Die Werte stammen aus den SPR-KKR-Rechnungen mit einer Magnetisierung senkrecht zur Grenzfläche.

ist jedoch nur für geringe Schichtdicken gültig, da das berechnete induzierte magnetische Moment sehr schnell mit dem Abstand zur Au/Ni-Grenzfläche abnimmt (siehe Tabelle 6.1). Das magnetische Moment pro Atom in der ersten Au-Lage von 1 ML Au/Ni(111) beträgt nur noch ca. 1.5 % des Ni-Volumenwerts. Für 2 ML Au/Ni(111) ist der Wert in der ersten Au-Lage mit ca. 1 % noch geringer und entspricht für die zweite Au-Lage sogar nur 0.3 % des Volumenwertes. Ab der dritten Au-Lage existiert kein induziertes magnetisches Moment mehr und der OFZ zeigt eine reine Rashba-Aufspaltung. Dass diese im Experiment erst ab 9 ML auflösbar ist, legt somit, für den Schichtdickenbereich zwischen 3-8 ML doch eine Linienverbreiterung durch Defektstreuung nahe.

Ein besseres System zur Untersuchung einer koexistenten Austausch- und Rashba-Aufspaltung wäre eine senkrecht zur Oberfläche magnetisierte Legierung Au_xNi_{1-x}. Durch die Variation von x könnte dabei die relative Stärke der Austausch- und SO-Wechselwirkung durchgestimmt werden. Präparationsversuche von Au_xNi_{1-x}-Legierungen waren jedoch aufgrund der großen Mischungslücke von Au und Ni nicht erfolgreich.

6.3.3 Zusammenfassung

Der Oberflächenzustand des Systems Au/Ni(111) wurde als Modellsystem für eine Kombination einer extrinsisch induzierten Austausch- und intrinsischen Rashba-Aufspaltung untersucht, bei der die relative Stärke der beiden Wechselwirkungen mit der Au-Schichtdicke kontrollierbar variierbar ist. Die Au-Filme zeigen ein geordnetes Lage-bei-Lage Wachstum, was durch scharfe LEED-Reflexe sowie der Entwicklung der Au-d-Bandstruktur und *sp*-artiger QWS verifiziert wurde. Um die Auswirkung einer koexistenten Austausch- und Rashba-Aufspaltung zu untersuchen, wurden hochauflösende ARPES-Messungen mit auf SPR-KKR-Halbraumrechnungen basierenden Photoemissionsrechnungen verglichen. Unter Berücksichtigung, dass die erste im Experiment aufgebrachte Au-Monolage eine Oberflächenlegierung bildet und damit die nominell zweite experimentell gedampfte Monolage der ersten Monolage in den Rechnungen entspricht, zeigt sich sowohl bei der Bindungsenergie des OFZ als auch bei der Dispersion eine gute Übereinstimmung zwischen Experiment und Theorie. Das durch das ferromagnetische Nickel erzeugte magnetische Moment beträgt gemäß den Rechnungen bereits in der ersten Au-Lage nur noch ca. 1 % des Ni-Volumenwertes und ist ab der dritten Au-Lage nicht mehr vorhanden. Eine dementsprechend nur bei einer bzw. zwei Monolagen Au/Ni(111) koexistierende Kombination von Austausch- und Rashba-Aufspaltung konnte im Experiment aufgrund einer starken Linenverbreiterung nicht aufgelöst werden. Experimentell war eine Aufspaltung des OFZ erst ab einer Au-Schichtdicke von 9 ML auflösbar, wobei es sich dabei erwartungsgemäß um eine reine Rashba-Aufspaltung handelt, welche den Parametern für sauberes Au(111) entspricht. Für Schichtdicken mit koexistenter Aufspaltung wurde ein Verbreiterungsmechanismus diskutiert, der auf der Tatsache einer nicht-magnetisierten Probe in Kombination mit der integrierenden Eigenschaft der ARPES-Messungen basiert.

Aufgrund des diskutierten Verbreiterungsmechanismus für ferromagnetische Proben mit Rashba-Aufspaltung ist eine möglichst vollständige Magnetisierung in der Filmebene notwendig, um eine koexistente Austausch- und Rashba-Aufspaltung mit ARPES untersuchen zu können. Dies kann experimentell für eine Ni(111)-Probe aufgrund der einfachen Magnetisierungsrichtung senkrecht zur Grenzfläche nicht realisiert werden. Ausserdem nimmt das induzierte magnetische Moment mit dem Abstand zur Grenzfläche sehr schnell ab. Dünne Ni-Filme auf einem W(110)-Substrat besitzen dagegen eine einfache Magnetisierungsrichtung in der Filmebene. Desweiteren kann durch das Wolfram-Substrat eine Rashba-Aufspaltung der Zustände im Ni-Film induziert werden. Damit bietet sich Ni/W(110) als Modellsystem für ARPES-Untersuchungen zur kombinierten, in diesem Fall intrinsischen Austausch- und extrinsisch induzierten Rashba-Aufspaltung an, wie im folgenden Abschnitt ausgeführt wird.

6.4 Ni/W(110)

6.4.1 Probenpräparation und Charakterisierung

Die Probenpräparation von Ni/W(110) gestaltet sich ähnlich wie die Präparation von Fe/W(110) (siehe Kapitel 5). Das Substrat W(110) wurde mit dem in Abschnitt 5.2 beschriebenen zweistufigen Zyklus präpariert. Dieser Umfasst die Oxidation von Kohlenstoffverunreinigungen unter O_2-Atmosphäre mit anschließenden kurzen, intensiven Heizstößen auf ca. 2400 K zur Desorption des entstandenen Oxids mit den restlichen Verunreinigungen. Bei einer kohlenstofffreien Oberfläche entfällt der Oxidationsschritt.

Nickel wurde analog zu Eisen aus einem Elektronenstrahlverdampfer verdampft, wobei das Verdampfergut sowohl aus einem Ta-Tigel wie auch aus einem, aus drei Ni-Drähten gedrehten, Stab gedampft wurde. Beide Varianten lieferten qualitativ hochwertige Filme, das Verdampfen aus dem Tigel stellte sich jedoch als wesentlich stabiler und reproduzierbarer heraus. Die Tigeltemperatur entsprach gemäß Benutzerhandbuch mit den verwendeten Parametern ca. 1400 °C, was zu einer Depositionsrate von ca. 0.5 ML/min führte. Die Probentemperatur zu Beginn der Ni-Deposition betrug ca. 40 K. Um wiederum die Ordnung im Film zu verbessern, wurde die Probe nach der Bedampfung mit einer Elektronenstoßheizung bei einer Heizleistung von 40 W 15 s lang erwärmt.

Wie Kämper et al. [153] anhand von LEED-Messungen zeigten, wächst Nickel in einer fcc-Struktur mit der (111)-Fläche auf dem bcc-W(110)-Substrat im sogenannten Nishiyama-Wassermann-Wachstumsmodus auf. Dabei ist die $[1\bar{1}0]$-Achse von Nickel parallel zur [001]-Achse von Wolfram. Die Gitterkonstante entlang $W[1\bar{1}0]$ passt mit einer Fehlanpassung von 3.6 % gut zur entsprechenden $[\bar{1}\bar{1}2]$-Richtung in Nickel. Aufgrund der unterschiedlichen Gitterstruktur ist die Gitterkonstante in W[001]-Richtung um 21.5 % größer als jene in Ni$[1\bar{1}0]$-Richtung, was für niedrige Bedeckungen zu einer (7 × 1)-Rekonstruktion führt. Dabei fällt durch eine Kompression des Ni-Films in W[001]-Richtung um 1 % jedes neunte Ni-Atom mit jedem siebten W-Atom zusammen. Ab 4-5 ML Ni/W(110) zeigen LEED-Messungen eine (1 × 1)-Struktur ohne Rekonstruktionen, jedoch mit einer für den Ni-Film um 3.6 % erhöhten Gitterkonstanten. Diese experimentellen Ergebnisse wurden von Sander et al. [154] sowie durch unsere eigenen Messungen bestätigt. Abbildung 6.8 zeigt LEED-Messungen verschiedener Bedeckungen von Ni/W(110). Für sauberes W(110) sind in (a) die scharfen LEED-Reflexe der bcc(110)-Oberfläche zu sehen. Für 2 ML Ni/W(110) ist in (b) die (7 × 1)-Rekonstruktion in der W[001]-Richtung ($\overline{\Gamma H}$) zu erkennen, welche sich für

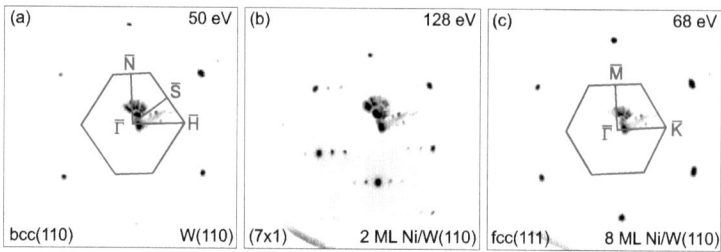

Abbildung 6.8: LEED-Bilder verschiedener Bedeckungen von Ni/W(110). Um die Erkennbarkeit aller relevanter Strukturen zu verbessern, wurden die Bilder invertiert und der Kontrast erhöht. (a) Sauberes W(110) ergibt scharfe, einer bcc-(110)-Oberfläche entsprechende, LEED-Reflexe. (b) 2 ML Ni/W(110) führen zu einer (7 × 1)-Rekonstruktion in [001]-Richtung von Wolfram ($\overline{\Gamma H}$). (c) Das LEED-Bild von 8 ML Ni/W(110) entspricht dem einer fcc-Ni(111)-Oberfläche. Für sauberes W(110) sowie 8 ML Ni/W(110) sind die Oberflächenbrillouinzonen mit entsprechenden Hochsymmetriepunkten rot eingezeichnet.

8 ML in (c) zu einer fcc-(1 × 1)-Struktur gewandelt hat.

Die Ni-Schichtdicke wurde mit XPS-Messungen sowie der energetischen Entwicklung von QWS im Ni-Film bestimmt. Analog zum System Fe/W(110) (siehe Seite 72) wurden die QWS-Bindungsenergien am $\overline{\Gamma}$-Punkt ausgewertet und die Datensätze innerhalb der Unsicherheit der Schichtdickenbestimmung durch die Abschwächung der W4f-Photoemissionsintensität physikalisch sinnvoll nach einer möglichst monotonen Entwicklung der QWS sortiert. Die monotone energetische Entwicklung der QWS-Bindungsenergien wurde zudem mit einer sukzessiven Dampfreihe verifiziert, wie in Abbildung 6.9 (a) dargestellt. Die pro Dampfschritt deponierte Ni-Menge variierte, lag jedoch stets im Submonolagenbereich, was daran erkennbar ist, dass die Intensität eines QWS über mehrere Dampfschritte zu- und wieder abnimmt. Die energetische Positionen der einzelnen QWS sind mit gepunkteten Linien markiert. Bei geschlossenen Monolagen sind jeweils nur die zu dieser Schichtdicke $N \cdot d$ zugehörigen QWS sichtbar. Werden Bruchteile von Monolagen zusätzlich aufgedampft, nimmt die Intensität der QWS der Monolagenanzahl N ab und die Intensität der QWS von $(N + 1)$ Monolagen zu, bis bei einer geschlossenen Schicht mit $(N + 1)$ Monolagen nur noch die entsprechenden QWS sichtbar sind.

Werden die Bindungsenergien der QWS bei $\overline{\Gamma}$ in Abhängigkeit der Schichtdi-

6.4. Ni/W(110)

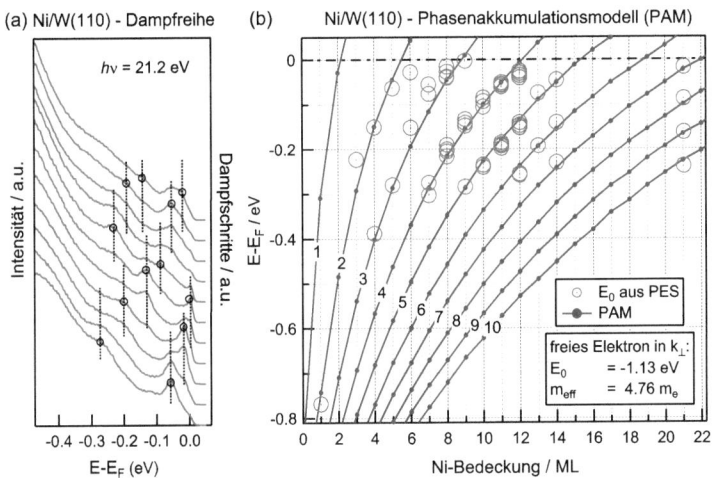

Abbildung 6.9: (a) Bestimmung der QWS-Bindungsenergien einer Dampfreihe von Ni/W(110) aus EDCs ($h\nu$ = 21.2 eV) bei $\overline{\Gamma}$. Kreise mit dazu gehörigen gestrichelten Linien markieren die ermittelten QWS. (b) Anpassung eines PAM an alle in dieser Arbeit ermittelten QWS-Bindungsenergien bei $\overline{\Gamma}$. Als $k_\perp$-Dispersion wurde ein quasi-freies Elektron angenommen. Aus der Anpassung ergeben sich die Parameter E_0 = −1.13 eV und m_{eff} = 4.76 m_e. Die QWS-Äste sind von 1-10 nummeriert.

cke aufgetragen (siehe Abbildung 6.9 (b)), wird die energetische Entwicklung mit der Schichtdicke deutlich. Im Falle von Ni/W(110) lässt sich die energetische Entwicklung der QWS mit einem PAM und der Annahme einer quasi-freien Elektronendispersion in $k_\perp$ gut beschreiben. Eine Anpassung des PAM mit der Methode der kleinsten Quadrate ergibt die Parameter für die $k_\perp$-Dispersion von E_0 = −1.13 eV und m_{eff} = 4.76 m_e.

Damit wurde gezeigt, dass qualitativ hochwertige, atomar glatte Filme von Ni/W(110) in einem Lage-bei-Lage-Wachstumsmodus präpariert wurden und die in den dünnen Filmen existierenden QWS mit einem PAM unter Annahme einer quasi-freien Elektronendispersion in $k_\perp$ gut beschreibbar sind.

Die Magnetisierung der dünnen Ni-Filme in der Filmebene wurde *in situ* durchgeführt. Dazu wurde die Probe auf der Transferstange in einem Helm-

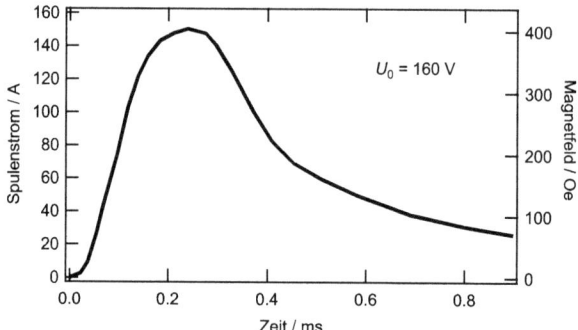

Abbildung 6.10: Durch eine Kondensatorentladung erzeugter Spulenstrom durch das zur Magnetisierung der Ni-Filme benutzte Helmholtzspulenpaar als Funktion der Zeit. Gezeigt ist eine Eichmessung bei einer Ausgangs- bzw. Kondensatorspannung von U_0 = 160 V. Zur Probenmagnetisierung wurden höhere Spannungen von ca. 260 V verwendet. Die rechte Achse gibt das dem Spulenstrom entsprechende Magnetfeld an der Probenposition an.

holtzspulenpaar positioniert, welches an der Probenposition ein Magnetfeld senkrecht zum Analysatoreintrittsspalt erzeugt. Bei allen gezeigten ARPES-Messungen war die Probe damit senkrecht zur $k_\parallel$-Achse magnetisiert, wobei die für die Magnetisierung benötigten hohen Stromstärken durch eine Kondensatorentladung erzeugt wurden. Bei Eichmessungen wurde bei einer Ausgangs- bzw. Kondensatorspannung von U_0 = 160 V ein Strompuls durch die Spulenanordnung von ca. 150 A mit einer Länge von ca. 0.5 ms erreicht und damit kurzzeitig ein Magnetfeld von ca. 400 Oe am Probenort erzeugt (siehe Abbildung 6.10). Bei der Probenmagnetisierung wurden dagegen höhere Spannungen von $U_0 \approx$ 260 V verwendet und damit Stromstärken von >240 A und Magnetfelder von >700 Oe erreicht. Obwohl in unserem Versuchsaufbau keine Möglichkeit bestand, die remanente Magnetisierung der Probe zu messen, kann davon ausgegangen werden, dass die Ni-Filme durch den beschriebenen Vorgang magnetisiert wurden. Literaturdaten zeigen, dass Magnetfeldpulse mit maximalen Feldstärken von 500 Oe ausreichen, um Ni-Filme zu magnetisieren [152, 155].

6.4.2 Dispersion der QWS im Ni-Film

Hochauflösende ARPES-Messungen an dünnen Ni-Filmen auf W(110) weisen ein reiches Spektrum an Strukturen auf. Bei $\overline{\Gamma}$ kann deren energetische Entwicklung mit der Schichtdicke, wie in Abbildung 6.9 (b) gezeigt, mit einem einfachen Phasenakkumulationsmodell beschrieben und damit als QWS identifiziert werden. Bei endlichen $k_\parallel$-Werten zeigen die QWS jedoch eine Aufspaltung sowie Wechselwirkung mit anderen QWS. Durch die Überlagerung und Wechselwirkung verschiedener Zustände wird die Zuordnung der einzelnen Strukturen bzw. die Bestimmung der Art der beobachteten Aufspaltung erschwert. In Abbildung 6.11 sind ARPES-Datensätze (zweite Ableitung) von aufeinander folgenden Schichtdicken gezeigt. Trotz des schlechten Signal-zu-Rausch-Verhältnisses lässt sich für 3 ML Ni/W(110) ein Schnittpunkt zweier parabelförmiger Strukturen am $\overline{\Gamma}$-Punkt erkennen, welche zusammen als ein Rashba-aufgespaltener Zustand interpretiert werden können, der dem zweiten QWS-Ast in Abbildung 6.9 (b) zuordenbar ist. Dieser Zustand schiebt für 4 ML Richtung Fermienergie und hybridisiert im Bereich des Bandminimums mit dem flachen Zustand bei ca. -0.1 eV. Das gleiche Verhalten ist für die Entwicklung des Zustandes des vierten QWS-Astes zwischen 8 und 10 ML zu beobachten. Es sind zwar für alle drei Schichtdicken flache Zustände vorhanden, welche mit den stark dispergierenden QWS hybridisieren, jedoch nur für 9 ML fällt der Energiebereich der schweren Zustände mit demjenigen des Bandminimums der leichten Zustände zusammen. Außer den Rashba-aufgespaltenen leichten Zuständen und den mit diesen hybridisierenden schweren Zustände sind noch weitere Strukturen erkennbar, welche jedoch nicht alle identifiziert werden konnten. Bei der in den meisten Datensätzen vorhandenen V- bzw. X-förmigen Struktur um $\overline{\Gamma}$ handelt es sich um einen OFZ des Systems, der in Dispersion und Bindungsenergie dem OFZ von sauberem Ni(111) ähnelt und für große Schichtdicken in diesen übergeht.

In Abbildung 6.12 ist die zweite Ableitung eines Datensatzes von 4 ML Ni auf W(110) gezeigt, der alle relevanten beobachteten Strukturen sowie die Wechselwirkung der stark dispergierenden QWS mit der schwach dispergierenden flachen Struktur enthält, die den ursprünglichen Bandverlauf um $\overline{\Gamma}$ unkenntlich macht. Durch diese Wechselwirkung ist es anhand der ARPES-Daten nicht ohne weiteres möglich die Aufspaltung der stark dispergierenden Strukturen genauer zu charakterisieren. Als Diskussionsgrundlage bezüglich des Ursprungs der Aufspaltung sind in Abbildung 6.12 die beiden hypothetischen Grenzfälle der (a) Austausch- und (b) Rashba-Aufspaltung als gestrichelte Linien eingezeichnet. Der tatsächlich beobachtete Verlauf ist mit durchgezogenen Linien gekennzeichnet, welcher typisch für miteinander hy-

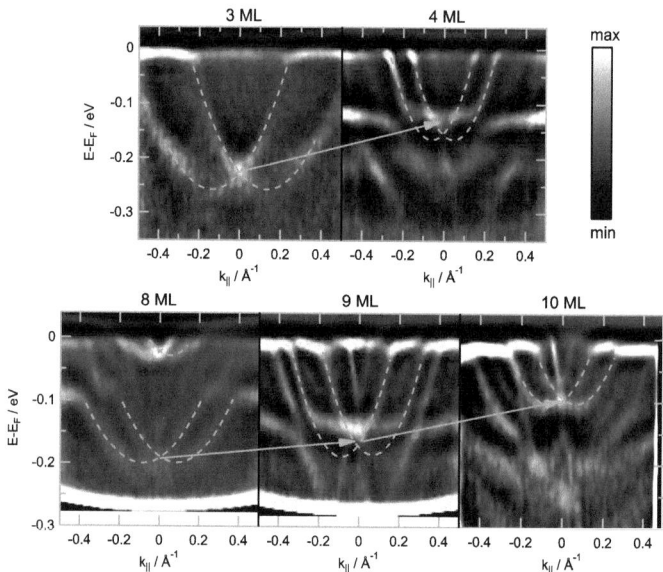

Abbildung 6.11: ARPES-Datensätze (2. Ableitung, $h\nu = 21.2\,\text{eV}$) von verschiedenen, aufeinander folgenden Schichtdicken von Ni/W(110). Rashba-aufgespaltene QWS schieben mit zunehmender Schichtdicke Richtung E_F. Die Hybridisierung dieser Zustände mit schweren Zuständen führt zu Hybridisierungslücken, wodurch der ursprüngliche Bandverlauf (gestrichelt eingezeichnet) besonders für 4 und 9 ML nicht mehr nachvollziehbar ist.

bridisierende Zustände mit entsprechenden Hybridisierungslücken ist. Im Falle reiner Austauschaufspaltung (a) existiert kein Schnittpunkt der Zustände in ihrem ursprünglichen Verlauf und lediglich der Majoritätszustand hybridisiert mit der flachen Struktur bei ca. -0.1 eV. Bei reiner Rashba-Aufspaltung hybridisieren beide Subbänder mit der flachen Struktur im Energiebereich des potenziellen Schnittpunktes bei $\overline{\Gamma}$. Damit kann im entscheidenden Energie- und k-Bereich der genaue ursprüngliche Bandverlauf nicht rekonstruiert werden. Eine kombinierte Austausch- und Rashba-Aufspaltung ist in dieser $k_\parallel$-Richtung ($\overline{\Gamma\text{M}}$) ebenfalls nicht nachweisbar, da die Zustände im Rahmen der Messgenauigkeit symmetrisch um $\overline{\Gamma}$ erscheinen.

6.4. Ni/W(110)

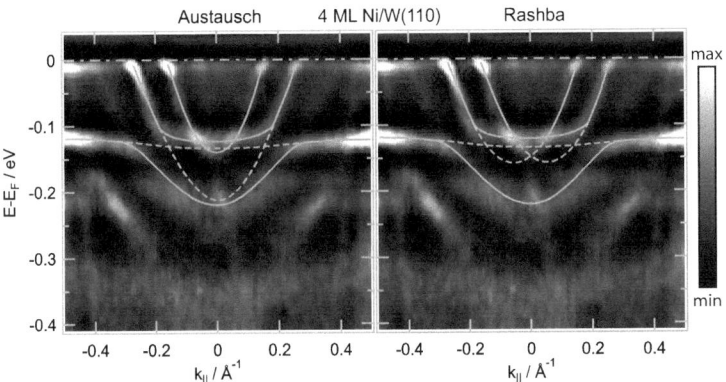

Abbildung 6.12: Zweite Ableitung eines ARPES-Datensatzes ($h\nu = 21.2\,\text{eV}$) von 4 ML Ni/W(110). Ein vermutlich Spin-aufgespaltener QWS hybridisiert mit einem flachen Zustand (QWS) bei ca. -0.1 eV, was die Art der Aufspaltung verschleiert. Zwei mögliche Szenarien sind mit Linien skizziert, wobei der Bandverlauf ohne Hybridisierung gestrichelt eingezeichnet ist. (a) Bei reiner Austausch-Aufspaltung hybridisiert der Majoritätszustand mit dem flachen Band. (b) Beide Subbänder des Rashba-aufgespaltenen QWS hybridisieren mit dem flachen Band.

Dass die beobachteten schweren Zustände an deren Schnittpunkten mit den leichten Zuständen generell wechselwirken, zeigt sich in Abbildung 6.13. Mehrere Hybridisierungsstellen sind jeweils mit hellblauen Linien umrandet. Darüber hinaus lässt sich erkennen, dass die Aufspaltung der einzelnen QWS mit zunehmender Schichtdicke abnimmt. Für 21 ML kann keine Aufspaltung der QWS mehr aufgelöst werden und sie erscheinen in den ARPES-Daten als Spin-entartet.

Um zusätzliche Informationen über die Form und Zugehörigkeit der beobachteten Photoemissionsstrukturen, speziell über die aufgespaltenen leichten QWS und deren Wechselwirkung mit den schweren Strukturen, zu erhalten, wurden ARPES-Volumendatensätze $\mathcal{I}(k_x, k_y, E)$ von in $\overline{\Gamma\text{M}}$-Richtung magnetisierten Filmen mit 4 und 9 ML Ni/W(110) erstellt. Abbildung 6.14 zeigt die 2. Ableitung von Schnitten durch das Datenvolumen von 4 ML Ni/W(110) in definierten Richtungen. Die $k_\parallel$-Richtung der EDM $\mathcal{I}(k_\parallel, E)$ in (a) wurden relativ zu k_x mit 1° ($\approx \overline{\Gamma\text{M}}$), 15° und 30° ($\approx \overline{\Gamma\text{K}}$) gewählt. Die Dispersion des aufgespaltenen QWS zeigt sich hierbei unverändert, was auf eine Rotations-

Kapitel 6. Austausch- und SO-Wechselwirkung in Ni-Systemen

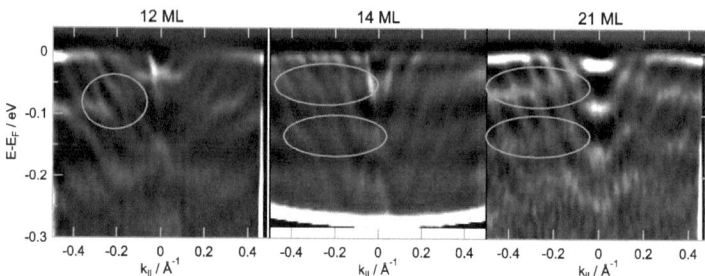

Abbildung 6.13: ARPES-Datensätze (2. Ableitung, $h\nu = 21.2\,\text{eV}$) von 12, 14 und 21 ML Ni/W(110). In den mit Kreisen markierten Bereichen sind Knicke und Lücken in der Dispersion der sichtbaren Strukturen erkennbar, was auf eine Hybridisierung schließen lässt. Die Aufspaltung der leichten QWS wird mit zunehmender Schichtdicke kleiner, bei 21 ML ist keine Aufspaltung mehr erkennbar.

symmetrie um $\overline{\Gamma}$ hindeutet. Dies wird durch eine Fermifläche in Form von zwei konzentrischen Kreisen in (b) und entsprechenden Kreisen mit kleinerem Radius der ESM bei -0.1 eV $\mathcal{I}(k_x, k_y)_{E=-0.1\,\text{eV}}$ in (c) bestätigt. Die Schnittkanten der ESM mit den EDM sind jeweils als gestrichelte Linien eingezeichnet. Die Dispersion des in $\overline{\Gamma M}$-Richtung flachen Zustandes hingegen ändert sich mit der $k_\parallel$-Richtung und wird in $\overline{\Gamma K}$-Richtung steiler. Damit entsteht eine in (c) sichtbare charakteristische Sternform. Um die Zuordnung zu erleichtern, ist die jeweilige Position des Zustands auf der Schnittkante der ESM in (c) mit den EDMs in (a) durch hellblaue Kreise markiert. Die Wechselwirkung bzw. Hybridisierung der Zustände knapp unterhalb von -0.1 eV macht die ursprüngliche Dispersion der Zustände in alle $k_\parallel$-Richtungen unkenntlich, wodurch auch mit dem vollständigen Volumendatensatz die Art der Aufspaltung nicht geklärt werden kann. Des weiteren schließt die Rotationssymmetrie der Fermifläche des leichten QWS eine kombinierte Austausch- und Rashba-Aufspaltung des Zustandes innerhalb der experimentellen Auflösung aus. Die charakteristische Dispersion des rotationssymmetrischen leichten QWS mit zwei konzentrischen Kreisen als FSM bzw. ESM und des sternförmigen Zustandes findet sich auch bei 9 ML Ni/W(110).

Ein Vergleich der Form der EDM bei $E = -0.1\,\text{eV}$ von 4 ML Ni/W(110) mit der in der Dissertation von Ruslan Ovsyannikov [156] veröffentlichten FSM von ca. 50 ML Ni/W(110) ermöglicht eine Charakterisierung der Symmetrie

6.4. Ni/W(110)

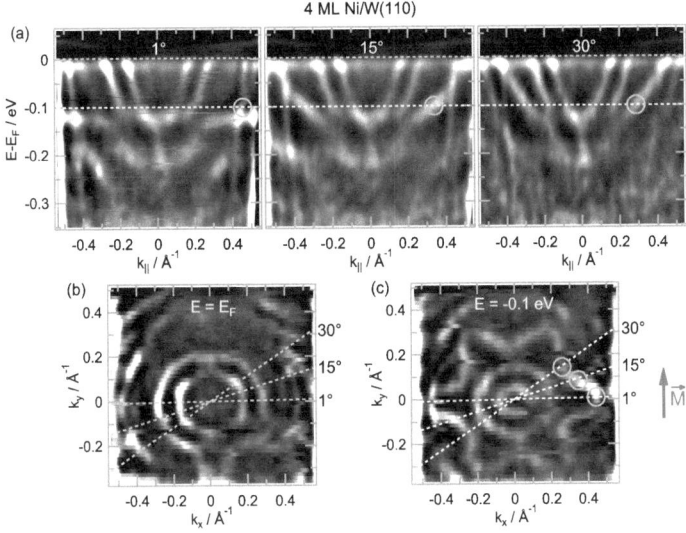

Abbildung 6.14: Schnitte durch ein ARPES-Volumendatensatz $\mathcal{I}(k_x, k_y, E)$ von 4 ML Ni/W(110). Gezeigt ist jeweils die 2. Ableitung der Daten um die Strukturen besser sichtbar zu machen. (a) EDMs $\mathcal{I}(k_\parallel, E)$ mit $k_\parallel$-Richtung 1°, 15° und 30° relativ zu k_x ($\approx \overline{\Gamma M}$). (b) zeigt die Fermifläche $\mathcal{I}(k_x, k_y)_{E=E_F}$, (c) eine ESM bei -0.1 eV $\mathcal{I}(k_x, k_y)_{E=-0.1\,\text{eV}}$. Die gestrichelten Linien markieren jeweils die Positionen der jeweiligen Schnitte. Für die Zuordnung des schweren Zustandes, welcher mit den leichten QWS hybridisiert ist dessen Position an der Schnittkante der EDMs mit der ESM bei -0.1 eV mit Kreisen markiert. Der Ni-Film ist entlang der einfachen Achse $\overline{\Gamma K} = k_y$ magnetisiert.

der Strukturen (siehe Abbildung 6.15). Die 50 ML starke Ni-Schicht wird dabei bereits als Ni-Kristall mit Volumeneigenschaften angenommen. Für den sternförmigen Zustand findet sich eine sehr gute Übereinstimmung bezüglich der Form und Orientierung in $k_\parallel$. Dementsprechend kann diesem ein Minoritäts-d-Charakter zugeordnet werden. Wie erwartet, ist die absolute Ausdehnung der Struktur in $k_\parallel$ bei 4 ML Ni/W(110) deutlich kleiner, da sich die Volumenstruktur bei dieser Filmdicke noch nicht ausgebildet hat. Deshalb und aufgrund der schichtdickenabhängigen energetischen Position (zu sehen in den Abbildungen 6.12 und 6.13) handelt es sich um einen QWS.

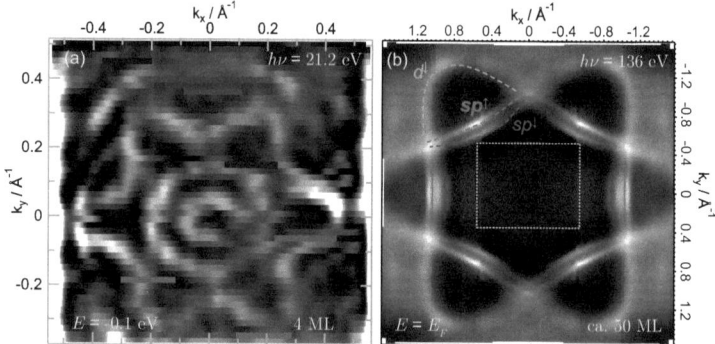

Abbildung 6.15: Vergleich der (a) ESM von 4 ML Ni/W(110) ($h\nu = 21.2\,\text{eV}$) mit der (b) Fermifläche eines ca. 50 ML dicken Ni-Films ($h\nu = 136\,\text{eV}$) (entnommen aus [156]). Durch den Vergleich der Form der Zustände kann dem hier blumenförmigen Zustand ein minoritäts-d-Charakter zugeordnet werden. Die beiden konzentrischen Kreise besitzen entsprechend sp-Charakter. Das gestrichelte Rechteck in (b) gibt die Ausdehnung der ESM aus (a) an.

Die Ausdehnung der in (a) gezeigten ESM ist in (b) durch ein gestricheltes Rechteck angedeutet. Die Spin-aufgespaltenen Zustände innerhalb des d-Zustandes besitzen sp-Symmetrie, was auch aufgrund der steilen Dispersion und der Rotationssymmetrie nahe liegt.

6.4.3 Diskussion

In den gezeigten ARPES-Daten von Ni/W(110) wurden zwei prominente Strukturen identifiziert. Zum einen in $k_\parallel$ flach verlaufende QWS mit d-Charakter, zum anderen sp-artige, aufgespaltene QWS mit steiler Dispersion. Die geringe Dispersion der flach verlaufenden Zustände deutet auf eine Lokalisierung und damit auf einen d-Charakter hin. Dies wird durch die Form der ESM von 4 ML Ni/W(110) bei -0.1 eV bzw. durch einen Vergleich mit der Fermifläche von 50 ML Ni/W(110) bei einer Anregungsenergie von 136 eV [156] bestätigt. Bei dieser Photonenenergie wird die Volumen-Brillouinzone in $k_\perp$-Richtung ungefähr bei Γ geschnitten. Für 21.2 eV liegt der Schnittpunkt zwischen Γ und L. Trotz der verschiedenen Lokalisierung bezüglich $k_\perp$ und

6.4. Ni/W(110)

der unterschiedlichen absoluten Ausdehnung in $k_\parallel$, ist über die vorhandene Ähnlichkeit der Kontur der Fermiflächen die Zuordnung eines Minoritäts-d-Charakters möglich. Die im Vergleich zur Volumen-Fermifläche kleine Ausdehnung in $k_\parallel$ in Verbindung mit der Schichtdickenabhängikeit der Bindungsenergie charakterisiert die beobachteten flachen Strukturen zudem als QWS. Eine genauere Auswertung der energetischen Entwicklung durch einen Vergleich mit einem entsprechenden PAM wurde aufgrund der unzureichenden Datenlage für die d-Zustände nicht durchgeführt. Für die weitere Diskussion ist die Charakterisierung der flachen Strukturen als Minoritäts-d-QWS ausreichend.

Die Charakterisierung der steil dispergierenden, aufgespaltenen Zustände erfolgt analog. Die steile, in $k_\parallel$ isotrope, parabolische Dispersion weist auf einen delokalisierten Zustand und damit einen sp-Charakter hin. Des weiteren beinhaltet die Volumen-Fermifläche spinaufgespaltene sp-Zustände innerhalb der Minoritäts-d-Zustände. Dass es sich um QWS handelt, wird durch die energetische Entwicklung der Zustände mit der Schichtdicke und deren Beschreibbarkeit durch ein angepasstes PAM deutlich. Die Möglichkeit der Existenz von sp-artigen QWS in dünnen Ni-Filmen im Energiebereich zwischen E_F und -0,3 eV wurde außerdem von Wu et al. für Cu/Fe/Cu(001) gezeigt [157]. An dieser Stelle sei angemerkt, dass die „sp"-Zustände in Nickel 80-90% d-Charakter besitzen [125].

Als Mechanismus der Aufspaltung der sp-artigen QWS wird eine Kombination von Austausch- und Rashba-Aufspaltung erwartet. Im einfachsten Fall besteht diese aus einer einfachen Linearkombination $\Delta E_{ges} = \Delta E_{ex} + \Delta E_{SO}$, wie in Abschnitt 6.2 beschrieben, und für den OFZ von Gd(0001) von Krupin et al. gezeigt wurde [142]. Die Austausch-Komponente ist dabei eine intrinsische Eigenschaft des Ni-Films. Bereits ab 2 ML Ni/W(110) zeigen Spin-aufgelöste PES-Messungen eine ferromagnetische Ordnung mit einer gegenüber dem Volumenwert um 40 % reduzierten Austauschaufspaltung der Ni-d-Bänder, ab 3 ML wird der Volumenwert erreicht [153, 155]. Wie auch in der vorliegenden Arbeit waren die Ni-Filme entlang der einfachen Achse $\overline{\Gamma K}$ in der Filmebene magnetisiert. Die Rashba-Komponente der Aufspaltung wird durch das W(110)-Substrat in den Ni-QWS induziert. Diese substratinduzierte Rashba-Aufspaltung in QWS von Metallfilmen auf W(110) wurde bereits für Au, Ag, sowie Al von Varykhalov et al. gezeigt [158]. Dabei scheint die Größe der Rashba-Aufspaltung unabhängig von der atomaren SO-Wechselwirkung der Adsorbatmaterialien zu sein.

Eine einfache Linearkombination der Austausch- und Rashba-Aufspaltung der sp-QWS in den gemessenen Ni-Filmen kann aufgrund der Rotationssymmetrie um $\overline{\Gamma}$ ausgeschlossen werden. Wäre eine kombinierte Aufspaltung

114 Kapitel 6. Austausch- und SO-Wechselwirkung in Ni-Systemen

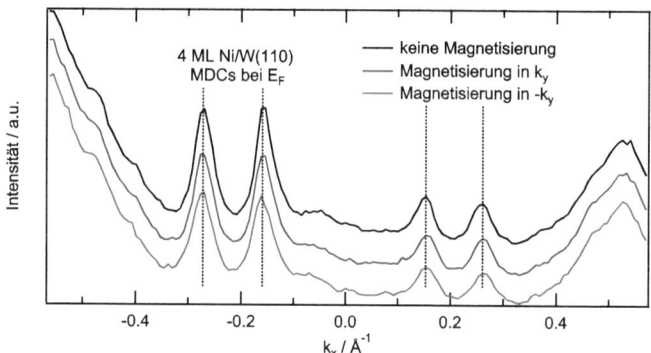

Abbildung 6.16: MDCs an der Fermikante von 4 ML Ni/W(110). Die Magnetisierung sowie die Umkehrung der Magnetisierungsrichtung zeigt keinen Einfluss auf die Linienform und Position der sp-QWS in k_x-Richtung ($k_x \perp \vec{M}$). Die gepunkteten Linien markieren die Position der Strukturen.

vorhanden, müsste eine Asymmetrie der Dispersion bzw. der EDM erkennbar sein, welche sich mit einer Umkehrung der Magnetisierung ebenfalls umkehrt. Beides trifft jedoch nicht zu. Eine Umkehrung der Magnetisierung zeigt keine Änderung in den ARPES-Daten, welche stets symmetrisch um $\bar{\Gamma}$ sind. Dies ist exemplarisch in Abbildung 6.16 am Beispiel von MDCs an der Fermikante von 4 ML Ni/W(110) gezeigt. Die vier sichtbaren Strukturen (sp-QWS) zeigen keine sichtbare Änderung mit der Magnetisierungsrichtung.

Da die gemessenen QWS eine offensichtliche Aufspaltung aufweisen, bleiben damit die beiden Extremfälle reiner Austausch- bzw. reiner Rashba-Aufspaltung zu diskutieren. Anhand von ESM oder FSM kann in beiden Fällen mit spinintegrierten Messungen keine Aussage über die Art der Aufspaltung gemacht werden, da beide Aufspaltungsarten radialsymmetrische Strukturen erzeugen (siehe Abbildung 6.1). Eine Möglichkeit der Unterscheidung in ARPES-Daten besteht darin, die Dispersion um $\bar{\Gamma}$ aufzulösen. Bei reiner Rashba-Aufspaltung sind die beiden Spinzustände aufgrund der Zeitumkehrsymmetrie bei $\bar{\Gamma}$ entartet, was zu einem sichtbaren Schnittpunkt beider Teilzustände führt. Ein Austausch-aufgespaltener Zustand hingegen zeigt in erster Näherung eine konstante Aufspaltung beider Spinzustände in der Energie, wodurch bei $\bar{\Gamma}$ kein Schnittpunkt entsteht. Bei einigen Schichtdicken, wie 4 ML bzw. 9 ML, kann dieses Kriterium der Bestimmung der Existenz eines Schnittpunktes bei $\bar{\Gamma}$ nicht angewendet werden, da im entscheidenden Energiebereich am Zustandsminimum eine Hybridisierung mit den Minoritäts-d-QWS stattfindet, wodurch die ursprüngliche Dispersion der Zustände nicht mehr erkennbar ist. Bei benachbarten Schichtdicken (3, 8, 10 ML) befinden sich die d-QWS jedoch nicht im entscheidenden Engergiebereich und Schnittpunkte bei $\bar{\Gamma}$ können erahnt werden. Aus den gemessenen ARPES-Daten kann dennoch keine eindeutige Aussage über die Schnittpunkte getroffen werden, da diese von weiteren Strukturen wie OFZ oder durch Ni-d-Volumenbandemissionen überlagert werden. Der genaue Verlauf der Zustände ist somit nicht zweifelsfrei feststellbar bzw. die abgeleiteten Daten enthalten zu viel Rauschen und Artefakte. Ein weiteres Argument für eine Rashba-Aufspaltung ist die gemeinsame energetische Entwicklung der beiden Spin-Teilzustände als Einheiten und der dadurch ermöglichten Beschreibung der Bindungsenergien bei $\bar{\Gamma}$ durch ein einfaches PAM. Für Austauschaufgespaltene QWS müsste aufgrund der spinabhängigen Randbedingungen jeweils unabhängig für jede Spinrichtung ein eigenes PAM angepasst werden, was bei den hier gezeigten Daten über den kompletten Schichtdickenbereich nicht notwendig ist (siehe Abbildung 6.9). Eine quantitative Auswertung der aufgespaltenen sp-QWS, unter der Annahme Rashba-aufgespaltener parabolischer Zustände, ergeben die in Tabelle 6.2 gezeigten Parameter. Die effektiven Bandmassen liegen bis auf zwei Ausnahmen zwischen ein bis zwei freien Elektronenmassen, was den sp-Charakter unterstreicht. Die für die Aufspaltung entscheidenden Rashba-Parameter α_R liegen zwischen 0.16 und 0.46 eV·Å, was mit den Werten für den OFZ von sauberem Au(111) mit 0.33 eV·Å[159] und auch mit dem von Varykhalov et al. ermittelten Wert für Ag- bzw. Au-QWS auf W(110) von 0.16 eV·Å[158] vergleichbar ist. Damit liegt die Größe der Rashba-Aufspaltung in dem durch das W(110)-Substrat erwarteten Bereich. Dazu kommt, dass die Aufspaltung der Zustände mit zunehmender Schichtdicke abnimmt (siehe Abbildung 6.13), was durch einen kleiner werdenden Einfluss des W(110)-Substrates auf die Wellenfunktion der QWS verstanden werden kann. Eine Austauschaufspaltung sollte dagegen nicht mit zunehmender Schichtdicke ab-, sondern zunehmen [153].

Es existieren jedoch auch Argumente, die für eine Austausch- und gegen eine Rashba-Aufspaltung sprechen. Zwar war es mit der für diese Arbeit vorhandenen experimentellen Ausstattung nicht möglich, die Magnetisierung der Proben zu messen, es ist jedoch aus der Literatur bekannt, dass dünne Ni-Filme auf W(110) ab 2 ML Schichtdicke eine ferromagnetische Ordnung mit einer einfachen Magnetisierungsachse in der Filmebene ([$1\bar{1}0$]) und einer mit spinaufgelöster Photoemission nachweisbaren Austauschaufspaltung der d-Bänder von ca. 160 meV (3 ML $h\nu = 21.2\,eV$, $k_\perp \simeq 1/3\,(\Gamma - L)$) besitzen [153, 155]. Es wird erwartet, dass ΔE_{ex} für sp-Zustände zwar kleiner, jedoch

Tabelle 6.2: Parameter der ausgewerteten Rashba-aufgespaltenen QWS von Ni/W(110) unter der Annahme parabolischer Dispersionen für verschiedene Schichtdicken. Die Rashba-Parameter α_R sind vergleichbar mit jenen von QWS in Au/W(110) und Ag/W(110) [158] sowie für den OFZ von Au(111) [159].

Zustand	QWS-Parameter			
	α_R/eV·Å	m_{eff}/m_e	E_0/eV	Δk/Å^{-1}
3 ML Ni/W(110)	0.42	2.73	-0.218	0.299
4 ML Ni/W(110)	0.35	1.13	-0.151	0.104
5 ML Ni/W(110)	0.41	0.80	-0.065	0.086
5 ML Ni/W(110)	0.16	3.53	-0.273	0.152
7 ML Ni/W(110)	0.33	1.17	-0.067	0.100
8 ML Ni/W(110)	0.45	1.45	-0.026	0.171
9 ML Ni/W(110)	0.41	1.44	-0.172	0.156
10 ML Ni/W(110)	0.26	1.81	-0.097	0.124
12 ML Ni/W(110)	0.33	1.22	-0.034	0.104
5 ML Au/W(110)[a]	0.16			
OFZ Au(111)[b]	0.33	0.265	-0.475	0.023

[a]Varykhalov et al. [158], ähnlicher Wert für Ag/W(110).
[b]Cercellier et al. [159]

mit PES nachweisbar ist [160]. So bestimmten Renken et al. mit spinaufgelöster inverser Photoemission für sp-artige QWS in einem 6 ML dicken Ni-Film auf Cu(001) eine Austauschaufspaltung von 70 meV bzw. 20 meV [161]. Eine Aufspaltung in dieser Größenordnung müsste in den gezeigten ARPES-Daten nachweisbar sein, lässt sich jedoch in keinem Datensatz erkennen. Die in der Literatur publizierte Austauschaufspaltung der elektronischen Zustände in dünnen Ni-Filmen, im speziellen sp-artiger QWS, lässt eine entsprechende Aufspaltung in den hier gezeigten Daten erwarten, schließt jedoch keine koexistente Rashba-Aufspaltung aus. Der Verlauf der Hybridisierung der d- mit den aufgespaltenen sp-artigen QWS für 4 ML bzw. 9 ML Ni/W(110) kann unter Umständen als Argument für eine Austausch- und gegen eine Rashba-Aufspaltung interpretiert werden. Wird von einer vollständigen Spinpolarisierung der sichtbaren Strukturen ausgegangen, können aufgrund der Orthogonalität der Wellenfunktionen mit unterschiedlichem Spin nur Zustände mit gleichem Spin hybridisieren. Da die d-QWS als Minoritätszustände identifiziert wurden, sollten nur die sp-QWS, die ebenfalls Minoritätscharakter besitzen, eine Hybridisierung zeigen. Die gemessenen ARPES-Daten zeigen jedoch bei angenommener Rashba-Aufspaltung eine symmetrische Wechselwirkung beider sp-Teilzustände mit den d-QWS. Dies spricht entweder gegen eine Rashba-Aufspaltung oder gegen eine vollständige Spinpolarisierung der Teilzustände. Im Falle einer reinen Austausch-Aufspaltung wäre der Hybridisierungsverlauf wiederum zwar symmetrisch um $\overline{\Gamma}$, es sollten dann aber ebenfalls nur die Minoritätszustände miteinander hybridisieren. In den Messungen hybridisiert jedoch deutlich der weiter außen, energetisch tiefer liegende Zustand, welcher damit Majoritäts-Charakter besitzen muss.

Anhand der gezeigten und diskutierten spinintegrierten ARPES-Messungen lässt sich keine endgültige Aussage über die Art der Aufspaltung der sp-artigen QWS oder den Spincharakter der beobachteten Strukturen treffen. Zwar legen die Daten eine reine Rashba-Aufspaltung nahe, jedoch spricht die in der Literatur gezeigte ferromagnetische Ordnung dünner Ni-Filme auf W(110) für eine Austausch-Aufspaltung. Die Hybridisierungseigenschaften der sp- mit den d-QWS sind mit den einfachen Modellen einer reinen Austausch- oder Rashba-Aufspaltung und der Annahme einer vollständigen Spinpolarisierung der Zustände nicht vereinbar. Der tatsächliche Spincharakter der gezeigten Strukturen und damit auch die zugrunde liegende Art der Aufspaltung könnte mit spinaufgelöster ARPES geklärt werden. Auch spinaufgelöste, relativistische, elektronische Strukturrechnungen im Vergleich mit (spinaufgelösten) Photoemissionsexperimenten können zum Verständnis dieses ferromagnetischen Dünnschichtsystems mit induzierter SO-Wechselwirkung beitragen. Prinzipiell bieten sich auf SPR-KKR basierende Photoemissionsrechnungen, wie für Au/Ni(111) gezeigt, an um Photoemissionseffekte korrekt zu behandeln und die experimentellen ARPES-Daten optimal zu verstehen, jedoch benötigt das Münchner SPRKKR-Programm ein kommensurables Substrat-Adsorbat-System. Dies ist für fcc-Ni-Filme auf einem bcc-W(110)-Substrat nicht gegeben. Eine weitere Möglichkeit bieten DFT-slab-layer-Rechnungen mit einer großen Einheitszelle, um den fcc-bcc-Übergang zu modellieren.

6.4.4 Zusammenfassung

Als Modell eines ferromagnetischen Dünnschichtsystems, mit durch das Substrat induzierter Rashba-Aufspaltung, wurden dünne Ni-Filme auf W(110) mit hochauflösender ARPES und LEED untersucht. Scharfe LEED-Reflexe bei niedrigem Untergrund sowie eine aus der Literatur bekannte (7×1)-Rekonstruktion für Schichtdicken bis 5 ML zeugen von langreichweitig geordnetem Filmwachstum im Lage-bei-Lage-Modus. Die in den ARPES-Messungen beobachteten dominierenden Photoemissionsstrukturen wurden als

QWS mit Minoritäts-d-Charakter und als Spin-aufgespaltene QWS mit sp-Charakter identifiziert, welche an ihren Schnittpunkten miteinander wechselwirken und Hybridisierungslücken bilden. Die energetische Entwicklung der Bindungsenergie der sp-QWS bei $\bar{\Gamma}$ kann mit einem einfachen PAM beschrieben werden. Dies unterstützt zum einen die Identifizierung der Zustände als QWS und den Befund des Lage-bei-Lage-Wachstums, zum anderen dient es als ein Argument für rein Rashba-aufgespaltene QWS mit Spinentartung bei $\bar{\Gamma}$. Die ARPES-Daten zeigen zudem keine Asymmetrie, welche auf eine kombinierte Austausch- und Rasbha-Aufspaltung hindeuten würde. Die Rashba-Parameter α_R sind mit Werten zwischen 0.16 und 0.46 eV Å mit jenen von Ag und Au auf W(110) vergleichbar [158]. Damit sprechen die in dieser Arbeit gemessenen ARPES-Daten für eine, durch das W(110) induzierte, reine Rashba-Aufspaltung der sp-QWS dünner Ni-Filme. Ungeklärt bleibt die zwar nicht beobachtete, jedoch erwartete Austauschaufspaltung der Zustände in den magnetisierten ferromagnetischen Filmen sowie der genaue Verlauf der Zustände an den Hybridisierungsstellen.

Um den tatsächlichen Spincharakter der beobachteten Zustände und damit die genaue Natur der Aufspaltung bestimmen zu können, sind spinaufgelöste ARPES-Messungen in Verbindung mit spinaufgelösten elektronischen Strukturrechnungen notwendig.

Kapitel 7

Fazit

7.1 Abschließende Diskussion

In den vorangehenden Kapiteln wurden mittels hochaufgelöster ARPES unterschiedliche zweidimensionale elektronische Systeme und deren Verhalten bzw. deren Eigenschaften aufgrund verschiedener intrinsischer und extrinsischer Einflüsse untersucht. Die beobachteten Einflussfaktoren reichen von den intrinsischen, materialspezifischen Eigenschaften Elektron-Elektron-, Elektron-Phonon- und Spin-Bahn-Wechselwirkung zu den extrinsischen Faktoren wie Morphologieänderungen durch Rekonstruktionen, verschiedene Adsorbate sowie auch, durch das Substrat induzierte, magnetische und Spin-Bahn-Wechselwirkungen.

Der extrinsische Einfluss der Oberflächenmorphologie wurde bei der Untersuchung des OFZ von Au(110) deutlich. Die Bindungsenergie dieses Zustandes verschiebt mit der (2 × 1)-Rekonstruktion im Vergleich zur nichtrekonstruierten Oberfläche um ca. 700 meV zu höheren Energien bis über die Fermienergie. Der dadurch unbesetzte Zustand konnte wiederum, ohne Veränderung der Oberflächenmorphologie, mit Hilfe von Na-Adsorption wieder besetzt und kontinuierlich zu kleineren Energien verschoben werden. Dies ist möglich, da Na sowohl die Austrittsarbeit erniedrigt als auch als Elektronendonator dient. Die Bindungsenergie des unbesetzten Zustandes konnte damit extrapoliert werden. Schließlich wurde die Abhängigkeit der Bindungsenergie von der Rekonstruktion durch eine Auflösung dieser mit Ag- und Au-Adsorption, bestätigt. Auch LDA-slab-layer-Rechnungen zeigen das für den OFZ von Au(110) ermittelte Verhalten sowie die ebenfalls vorhandene Abhängigkeit der Rashba-Aufspaltung von der Oberflächenstruktur. Die in den Rechnungen sichtbare Rasha-Aufspaltung konnte im Experiment jedoch nicht aufgelöst werden.

Als Beispiel intrinsischer Einflüsse auf zweidimensionale Zustände zeigte die energieabhängige Linienbreitenanalyse von QWS in dünnen Fe-Filmen auf W(110) ein Verhalten entsprechend dem klassischen Verlauf einer Fermiflüssigkeit für die Elektron-Elektron-Wechselwirkung sowie einer Elektron-Phonon-Kopplung nach der Debye-Näherung. Dabei liegt der ermittelte Elektron-Phonon-Kopplungsparameter deutlich über dem Wert eines Majoritäts-Fe-Volumenbandes, die Elektron-Elektron-Kopplungskonstante jedoch signifikant darunter, was auf den unterschiedlichen Spin-Charakter der Minoritäts-QWS zurückgeführt werden kann. Die ermittelte Debye-Energie stimmt wiederum gut mit Literaturwerten überein. Eine weitere interessante Beobachtung bezüglich der Fe-QWS stellt die starke Anisotropie ihrer Dispersion dar, welche durch den Vergleich mit GGA-slab-layer-Rechnungen als intrinsische, wahrscheinlich aufgrund der Anisotropie der bcc(110)-Oberfläche vorhandene, Eigenschaft identifiziert wurde. Die energetische Entwicklung der QWS ist darüber hinaus gut mit einem erweiterten Phasenakkumulationsmodell beschreibbar. Mit Hilfe der GGA-Rechnungen sowie der Auswertung mit dem PAM konnte den QWS ein Minoritäts-Σ_5^1-Charakter zugeordnet werden.

Die intrinsische Spin-Bahn-Wechselwirkung, welche durch den Bruch der Inversionssymmetrie an Grenzflächen zu einer Rashba-Aufspaltung von zweidimensionalen Zuständen führen kann, tritt in Materialien mit hoher Atommasse auf. Besitzt dieses Material außerdem eine ferromagnetische Ordnung, werden die Zustände durch die ebenfalls spinabhängige Austauschwechselwirkung beeinflusst. Die Auswirkungen sowie die Beeinflussbarkeit einer solchen koexistenten oder kombinierten spinabhängigen Wechselwirkung am OFZ des Systems Au/Ni(111) genauer untersucht. Spinaufgelöste SPR-KKR-Photoemissionsrechnungen zeigen für ein bzw. zwei Monolagen Au eine leichte Asymmetrie in der Spinverteilung, welche jedoch aufgrund der spinintegrierenen ARPES-Messungen im Experiment nicht beobachtet wurden. Die gemessenen Strukturen bei geringen Schichtdicken zeigen zusätzlich eine große Verbreiterung, die durch das nicht-magnetisierte Substrat mit einem einfachen Modell erklärt werden kann. Um diesen Verbreiterungsmechanismus auszuschalten, muss eine möglichst eindomänig, vollständig magnetisierte Probe untersucht werden. Durch das aus den Rechnungen ermittelte, geringe induzierte magnetische Moment im Au-Film wie auch die für die Rashba-Aufspaltung ungünstige leichte Magnetisierungsrichtung des Ni-Substrats wurde die kombinierte Rashba- und Austausch-Wechselwirkung an QWS in dünnen magnetisierten Ni-Filmen auf einem Wolfram-Substrat weiter untersucht. Die Rashba-Aufspaltung im intrinsisch ferromagnetischen

Ni-Film wird dabei durch das Substrat induziert. Die ARPES-Datensätze zeigen aufgespaltene QWS, deren Natur der Aufspaltung jedoch aufgrund der spinintegrierenden Messmethode sowie Wechselwirkungen der aufgespaltenen QWS mit anderen Strukturen nicht sicher geklärt werden kann. Die Symmetrie der Dispersion der QWS sowie deren energetische Entwicklung mit der Schichtdicke, beschreibbar mit einem einfachen PAM, deuten jedoch auf eine reine Rashba-Aufspaltung hin. Zur endgültigen Klärung des tatsächlichen Spincharakters der beteiligten Zustände, und damit der Natur der Aufspaltung, sind spinauflösende ARPES-Messungen und Rechnungen notwendig.

Bei der Betrachtung der untersuchten exemplarischen Systeme wird deutlich, dass zweidimensionale elektronische Zustände sehr sensibel reagieren, sowohl auf intrinsische, wie auch auf extrinsische Einflussfaktoren. Dies ist nicht zuletzt durch deren starke Lokalisierung begründet. Damit sind zweidimensionale Grenzflächenzustände, aber auch QWS ideale, theoretisch einfach zu behandelnde Modellsysteme, an denen eine Vielzahl von Wechselwirkungen kontrollierbar modelliert, untersucht und verstanden werden können. Bei den einfachen Modellannahmen muss jedoch sehr genau überprüft werden, welche zusätzlichen Einflussfaktoren bei der Präparation und Messung ebenfalls eine Rolle spielen, da vermeintlich kleine Störungen, wie eine leichte Asymmetrie in der Morphologie oder substratinzuierte Effekte, sehr große Auswirkungen auf die elektronischen Eigenschaften der lokalisierten Zustände haben können.

7.2 Zusammenfassung

Im Rahmen dieser Arbeit wurden mit Hilfe von hochaufgelöster ARPES die Auswirkungen verschiedener intrinsischer und extrinsischer Einflüsse auf zweidimensionale elektronische Zustände untersucht:

Eine Änderung der Morphologie aufgrund einer (2 × 1)-Rekonstruktion bewirkt beim OFZ von Au(110) im Vergleich zur nicht-rekonstruierten Oberfläche eine Verschiebung der Bindungsenergie von ca. 700 meV. Dieses Verhalten wurde in LDA-slab-layer-Rechungen reproduziert und durch gezielte Modifikation der Oberflächenstruktur sowie kontrollierte Beeinflussung des OFZ durch die Adsorbate Ag, Na und Au verstanden.

Eine Linienbreitenanalyse der sehr scharfen Minoritäts-QWS in dünnen Fe-Filmen auf W(110) ermöglichte eine Abschätzung der Elektron-Elektron-Wechselwirkung und eine Bestimmung der Elektron-Phonon-Kopplungskonstanten. Die starke Anisotropie der Dispersion der QWS ist des weiteren durch den Vergleich mit GGA-slab-layer-Rechnungen als intrinsische Eigenschaft dieser Zustände identifiziert worden. Mit Hilfe eines erweiterten PAM wurde zudem die $k_\perp$-Dispersion des, den QWS zugrunde liegenden Volumenbandes, bestimmt.

Die spinabhängigen Einflussfaktoren Spin-Orbit- und Austausch-Wechselwirkung sowie deren Kombination wurden am Beispiel des OFZ von dünnen Au-Filmen auf Ni(111), sowie an QWS in dünnen Ni-Filmen auf W(110) untersucht. Die in SPR-KKR-Photoemissionrechungen gefundene leichte Asymmetrie der spinaufgelösten Dispersion wurde in den spinintegrierten ARPES-Messungen nicht beobachtet. Ab 9 ML Au-Bedeckung konnte die Rashba-Aufspaltung des OFZ aufgelöst werden. Eine durch das W(110)-Substrat induzierte Rashba-Aufspaltung wurde bei sp-artigen QWS in dünnen Ni-Filmen beobachtet, welche jedoch mit weiteren Strukturen hybridisieren, was eine eindeutige Aussage über die tatsächliche Natur der Aufspaltung erschwert.

7.3 Summary (English version)

In this thesis, the effects of intrinsic and extrinsic influences on two-dimensional electronic states are investigated utilizing high resolution ARPES:

The change of the morphology due to a (2 × 1)-reconstruction on Au(110) results in a shift of the binding energy of the surface state of about 700 meV with respect to an unaltered surface. This behavior was reproduced by LDA-slab-layer calculations and could be understood using systematic modifications of the surface structure and controlled influences on the surface state by the adsorbates Ag, Na and Au.

A lineshape analysis of the sharp minority QWS in thin Fe films on W(110) allowed for an estimation of the electron-electron interaction as well as for a determination of the electron-phonon coupling constants. Furthemore, the strong anisotropy of the dispersion of the QWS could be identified as an intrinsic property of these states by comparing the measured data to GGA-slab-layer calculations. Using an extended PAM, the $k_\perp$-dispersion of the bulk band was determined, the QWS originate from.

The two spin dependent influencing factors spin-orbit and exchange coupling, as well as the combination of both, were investigated using the surface state of thin films of Au on Ni(111) and the QWS in thin films of Ni on W(110) as model systems. The small asymmetry within the spin-resolved dispersions, found in SPR-KKR photoemission calculations of the surface state

7.3. Summary (English version)

on Au/Ni(111), could not be detected using spin integrated ARPES measurements. A Rashba splitting of the surface state could be resolved for Au thicknesses above 9 ML. sp-type QWS in thin films of Ni showed a Rashba-type splitting induced by the W(110) substrate. Due to hybridization effects with additional structures, no definite statement can be made on the true nature of the observed splitting.

Anhang A

Anhang

A.1 Fitroutine zur vollständigen Beschreibung eines ARPES-Datensatzes am Beispiel des Einflusses der Alterung auf den OFZ von Cu(111)

A.1.1 Einleitung

ARPES-Untersuchungen im meV-Bereich können über die gemessene Spektralfunktion $\mathcal{A}(\vec{k}, E)$ Informationen über Vielteilcheneffekte wie Elektron-Elektron- oder Elektron-Phononwechselwirkungen liefern, welche sich im Quasiteilchenbild in einer Renormalisierung der Dispersion ($\mathfrak{Re}\Sigma_{\vec{k}}(E)$) und energieabhängiger Linienbreite ($\mathfrak{Im}\Sigma_{\vec{k}}(E)$) bemerkbar machen (siehe auch Abschnitt 2.1.2) [62, 63, 162]. Einflüsse auf die energieabhängige Linienform können in diesem Zusammenhang nicht nur die intrinsischen Eigenschaften des Materials besitzen, sondern auch extrinsische Faktoren wie Adsorbate, Defekte und Rekonstruktionen.

Die übliche Herangehensweise bei der Auswertung gemessener ARPES-Daten in Bezug auf Vielteilchenwechselwirkungen besteht darin, $\mathfrak{Re}\Sigma_{\vec{k}}(E)$ bzw. $\mathfrak{Im}\Sigma_{\vec{k}}(E)$ aus EDC- oder MDC-Schnitten zu bestimmen. Dazu werden für die Bestimmung der Dispersion und der Linienbreite der Strukturen genäherte Linienformen angenommen und diese dann an die EDC- oder MDC-Schnitte angepasst. Eine übliche Näherung ist dabei, dass Σ nicht von $\vec{k}$ abhängt, was meist gegeben ist. Oft wird auch angenommen, dass $\mathfrak{Im}\Sigma$ sich im untersuchten Energie- und k-Bereich wenig ändert und als konstant betrachtet werden kann, wodurch sich für EDCs eine Lorentz-Linienform ergibt. Der in einem ARPES-Experiment gemessene Photostrom $\mathcal{I}$ ist jedoch nicht die reine Spektralfunktion, sondern setzt sich aus dem auflösungsverbreiterten Produkt der Spektralfunktion $\mathcal{A}$ und den Übergangsmatrixelementen $\mathcal{M}$ zusammen. Wird $\mathcal{M}$ als konstant angenommen, bleibt die auflösungsverbreiterte Spektralfunktion. Da die Auflösungsverbreiterung nicht nur in E, sondern auch in k-Richtung berücksichtigt werden muss, ist die gemessene Linienform von der Dispersion des ausgewerteten Zustandes abhängig. Diese Abhängigkeit ist bei der Auswertung eindimensionaler EDCs und MDCs schwierig zu berücksichtigen.

Eine korrekte Linienform mit Berücksichtigung der Auflösungsverbreiterung sowohl in E als auch in k-Richtung ergibt sich aus einem kompletten Modell der Spektralfunktion $\mathcal{A}(\vec{k}, E)$ gefaltet mit der Auflösungsfunktion $\mathcal{G}(\vec{k}, E)$. Diese modellierten ARPES-Daten können dann mit den gemessenen Daten verglichen bzw. das Modell soweit variiert werden, bis es zum gemessenen Datensatz passt. Der Vergleich einzelner MDCs bzw. EDCs aus dem Modell mit den entsprechenden aus der Messung ist sehr mühsam und zeitaufwendig. Eine Fitroutine, welche nach der Methode der kleinsten Quadrate das vollständige Modell einer auflösungsverbreiterten Spektralfunktion $\mathcal{G}(\vec{k}, E) \otimes \mathcal{A}(\vec{k}, E)$ an einen zweidimensionalen ARPES-Datensatz $\mathcal{I}(k_\parallel, E)$ anpasst, umgeht damit die potenziellen Fehler einer Auswertung eindimensionaler EDC bzw. MDC und liefert direkt die auflösungsbereinigten Parameter der Spektralfunktion.

Ein gut verstandenes Modellsystem für Linienbreitenanalysen stellt der Shockley-Zustand der Cu(111)-Oberfläche mit seiner fast perfekt parabelförmigen Dispersion, seiner geringen Linienbreite sowie seiner Spinentartung dar [62]. Die im Folgenden vorgestellte und diskutierte Fitroutine mit vollständigem, auflösungsverbreitertem Modell der Spektralfunktion wird am Beispiel eines OFZ von Cu(111) und des Einflusses der Probenalterung auf diesen getestet.

A.1.2 Modell

Zur Berechnung des Modells wird die in Abschnitt 2.1.2 vorgestellte Vielteilchenspkektralfunktion $\mathcal{A}(\vec{k}, E)$ als Grundlage verwendet:

$$\mathcal{A}(\vec{k}, E) = \frac{1}{\pi} \frac{|\mathfrak{Im}\Sigma_{\vec{k}}(E)|}{\left(E - \epsilon_{\vec{k}} - \mathfrak{Re}\Sigma_{\vec{k}}(E)\right)^2 + \left(\mathfrak{Im}\Sigma_{\vec{k}}(E)\right)^2} \tag{A.1}$$

Dabei beschreibt $\epsilon_{\vec{k}}$ die Einteilchendispersion, welche durch den Realteil der Selbstenergie $\mathfrak{Re}\Sigma_{\vec{k}}(E)$ renormiert wird, und $\mathfrak{Im}\Sigma_{\vec{k}}(E)$ der Imaginärteil der

A.1. 3D-Fit von ARPES-Daten

Selbstenergie, welcher die energieabhängige Linienbreite aufgrund der Vielteilchenwechselwirkungen und der damit verbundenen endlichen Lebensdauer des Quasiteilchenzustandes beschreibt. $\mathfrak{Re}\Sigma_{\vec{k}}(E)$ und $\mathfrak{Im}\Sigma_{\vec{k}}(E)$ sind durch die Kramers-Kronig-Relation miteinander verknüpft. Aufgrund der nichttrivialen Behandlung der Fortsetzung des endlichen Datensatzes sowie des erwarteten kleinen Beitrages wird im Folgenden jedoch $\mathfrak{Re}\Sigma \equiv 0$ gesetzt.

Wie bereits in Abschnitt 5.3 beschrieben, kann der funktionelle Zusammenhang der Selbstenergie aufgrund der Elektron-Elektron-Wechselwirkung nach dem Fermiflüssigkeitsmodell mit

$$\mathfrak{Im}\Sigma_{\text{e-e}} = \beta\left[(\pi k_B T)^2 + E^2\right]. \tag{A.2}$$

beschrieben werden, der Beitrag durch die Elektron-Phonon-Kopplung durch

$$\mathfrak{Im}\Sigma_{\text{e-ph}}(E,T) = \pi \int_0^{\hbar\omega^{\max}} d\epsilon\, \alpha^2 F(\epsilon) \cdot \left(1 - f(E-\epsilon) + 2n(\epsilon) + f(E+\epsilon)\right) \tag{A.3}$$

mit der Debye-Näherung:

$$\alpha^2 F(\epsilon) = \begin{cases} \lambda_{\text{ph}}\left(\frac{\epsilon}{\hbar\omega_{\text{D}}}\right)^2 & \text{für } \epsilon \leq \hbar\omega_{\text{D}} \\ 0 & \text{für } \epsilon > \hbar\omega_{\text{D}}. \end{cases} \tag{A.4}$$

Der Beitrag durch die Defektstreuung $\mathfrak{Im}\Sigma_{\text{e-i}}$ wird im Allgemeinen als unabhängig von k und E und damit als konstant angenommen. $\mathfrak{Im}\Sigma_{\vec{k}}(E)$ setzt sich nun aus der Summe der Einzelbeiträge zusammen.

Der modellierte ARPES-Datensatz entspricht dem Photostrom $\mathcal{I}(E,k_x,k_y)$, welcher sich aus der, mit einer Fermi-Dirac-Funktion $f(E)$ multiplizierten, Spektralfunktion $\mathcal{A}'(E,k_x,k_y) = \mathcal{A}(E,k_x,k_y) \cdot f(E)$, gefaltet mit der Auflösungsfunktion $\mathcal{G}(E,k_x,k_y)$ zusammensetzt. Die Faltung wird unter Benutzung des Faltungssatzes durch die Rücktransformation des Produktes der fouriertransformierten Funktionen berechnet. Zur Berechnung werden schnelle Fourier-Transformationen (FFT) bzw. inverse FFT (iFFT) eingesetzt:

$$\mathcal{I}(E,k_x,k_y) = \mathcal{A}'(E,k_x,k_y) \otimes \mathcal{G}(E,k_x,k_y) \tag{A.5}$$
$$= \text{iFFT}\left(\left(\text{FFT}(\mathcal{A}'(E,k_x,k_y))\cdot \text{FFT}(\mathcal{G}(E,k_x,k_y))\right)\right). \tag{A.6}$$

Als Auflösungsfunktion wird eine mehrdimensionale Gauss-Funktion benutzt:

$$\mathcal{G}(E,k_x,k_y) = \exp\left(-\frac{1}{2}\left(\frac{(E-E_0)^2}{\sigma_E^2} + \frac{(k_x - k_{x_0})^2}{\sigma_{k_x}^2} + \frac{(k_y - k_{y_0})^2}{\sigma_{k_y}^2}\right)\right). \tag{A.7}$$

Die Auflösung in eine Richtung entspricht der vollen Halbwertsbreite (FWHM) in dieser Richtung, welche mit $2\sqrt{2\ln 2} \cdot \sigma_i$ gegeben ist.

Für die Anpassung an einen zweidimensionalen, gemessenen ARPES-Datensatz muss, um den Einfluss der experimentellen Auflösung korrekt zu berücksichtigen, ein kompletter dreidimensionaler Datensatz $\mathcal{I}(E, k_x, k_y)$ berechnet werden, aus dem dann eine entsprechende Schnittebene ausgewertet wird. Eine beispielhafte effektive Spektralfunktion $\mathcal{A}'(E, k_x, k_y)$ eines parabolisch dispergierenden Zustands mit einem Polynom zweiten Grades für $\Im\Sigma(E)$ ergibt sich zu:

$$\mathcal{A}'(E, k_x, k_y) = \frac{1}{\exp\left(\frac{E-E_F}{k_B T}\right) + 1} \cdot \frac{I(E, k_x, k_y) \cdot \Im\Sigma(E)}{(E - \epsilon(k_x, k_y) - \Re\mathrm{e}\Sigma)^2 + (\Im\Sigma(E))^2} \quad (A.8)$$

$$\Im\Sigma(E) = \frac{1}{2}(\Gamma_0 + \Gamma_1 \cdot E + \Gamma_2 \cdot E^2) \qquad \Re\mathrm{e}\Sigma \equiv 0 \quad (A.9)$$

$$\epsilon(k_x, k_y) = E_0 + \frac{3.8099}{m_{eff}} \cdot \left((k_x - k_{x0})^2 + (k_y - k_{y0})^2\right). \quad (A.10)$$

Dabei ist k_B die Boltzmann-Konstante, $I(E, k_x, k_y)$ die Intensität und $\epsilon(k_x, k_y)$ die Dispersion in k_x und k_y. Die Intensität wir hier als Funktion von allen drei Parametern (E, k_x, k_y) angegeben, um apparativ bedingte Inhomogenitäten im gemessenen Datensatz sowie Photoemissions-Matrixelementeffekte zu berücksichtigen.

Die Berechnung wird prinzipiell in einem diskreten, dem zu fittenden Datensatz entsprechenden Gitter ausgeführt. Um Diskretisierungsartefakte zu vermeiden, wird der primäre Modelldatensatz jedoch groß genug gewählt, um eine glatte Intensitätsverteilung entlang der berechneten Dispersion zu gewährleisten. Anschließend wird dieser primäre Datensatz mit der Auflösungsfunktion gefaltet und auf das Gitter interpoliert, welches die gleiche Datenpunktanzahl besitzt wie die zu fittenden Daten.

Korrekterweise muss, wie bereits genannt, die Auflösung in alle drei Dimensionen (E, k_x, k_y) berücksichtigt werden, um die Linienform zu beschreiben. Die Korrektur bei der Berechnung des Modells und Faltung mit der Auflösungsfunktion in beide k-Richtung ist jedoch im Vergleich zu nur einer berücksichtigten k-Richtung relativ klein (siehe Abbildung A.1). Bei $\overline{\Gamma}$ ist die Krümmung der Dispersion und damit auch die Auswirkung der k-Auflösung am größten, weshalb der maximale Unterschied mit dem Vergleich von EDCs am $\overline{\Gamma}$-Punkt untersucht wird. Für einen quasi-freien Elektronenzustand mit einer konstanten Linienbreite $2\Im\Sigma = 10\,\mathrm{meV}$, einer effektiven Masse $m_{\mathrm{eff}} = 0.412\,m_e$, einer Bindungsenergie $E_0 = -435\,\mathrm{meV}$ und den Parametern für die Auflösung von $\Delta E = 8\,\mathrm{meV}$ und $\Delta k = 0.0136\,\mathrm{\AA}^{-1}$ in beide

A.1. 3D-Fit von ARPES-Daten

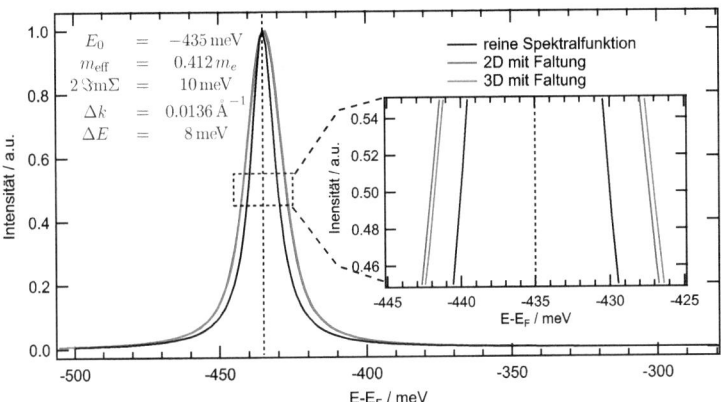

Abbildung A.1: Vergleich der Auswirkung der Auflösungsfunktion in zwei (E, k_x) und drei (E, k_x, k_y) Dimensionen auf die Linienform eines quasi-freien Elektronenzustandes. Gezeigt sind die jeweiligen EDC bei $\overline{\Gamma}$, da hier die Krümmung der Dispersion und damit der Einfluss der k-Auflösung am größten ist.

k-Richtungen beträgt der Unterschied in der Linienbreite bei $\overline{\Gamma}$ nur 0.5 meV. Da dieser Unterschied kleiner ist als die Unsicherheit bei der Bestimmung der Linienform, wird im Folgenden auf die Berechnung eines kompletten dreidimensionalen Modells verzichtet und statt dessen ein wesentlich weniger rechenintensives, zweidimensionales $\mathcal{I}(E, k_x)$ verwendet.

A.1.3 Anpassung an ARPES-Daten

Als Beispielsystem für die Analyse von ARPES-Daten durch eine Anpassung des beschriebenen vollständigen Modells wurde der OFZ von Cu(111) und dessen Alterung mit der Messzeit untersucht. Die Probe wurde dafür mit Standard-Sputter-Heiz-Zyklen präpariert, bestehend aus 20 min Sputtern bei einem Ar-Druck von 5×10^{-5} mbar und einer Beschleunigungsspannung von 1 kV sowie einem Heizen der Probe mit ca. 50 W für 130 s. Die Probentemperatur wurde anhand der Glühfarbe auf ca. 1100 K geschätzt. Die Probentemperatur während der ARPES-Messung mit einer He-Gasentladungslampe betrug $T \simeq 70$ K. Der Druck in der Analysekammer während des Lampenbetriebs entsprach ca. 1.9×10^{-9} mbar.

Üblicherweise wird für die energieabhängige Linienbreite die Summe aus Elektron-Elektron-, Elektron-Phonon- und Elektron-Defekt-Wechselwirkung entsprechend der Gleichungen (A.2) und (A.3) sowie einer Konstante angenommen. Um jedoch die allgemeine Form von $\Im m\Sigma$ zu überprüfen, wird im Folgenden ein Polynom zehnten Grades benutzt:

$$2\Im m\Sigma(E) = \Gamma_0 + \Gamma_1 \cdot |E| + \Gamma_2 \cdot E^2 + \Gamma_3 \cdot |E|^3 + \Gamma_4 \cdot E^4 + \Gamma_5 \cdot |E|^5 + \Gamma_6 \cdot E^6 \\ + \Gamma_7 \cdot |E|^7 + \Gamma_8 \cdot E^8 + \Gamma_9 \cdot |E|^9 + \Gamma_{10} \cdot E^{10}.$$

(A.11)

Die ungeraden Potenzen sind in Betrag gesetzt, um eine um E_F symmetrische Form zu gewährleisten. Zur Kompensierung der apparativen Intensitätsvariationen sowie von Photoemissions-Matrixelementeffekten enthält das Modell die Intensität

$$I(E, k_x) = I_0 + (I_{e1} \cdot E + I_{e2} \cdot E^2 + I_{e3} \cdot E^3 + I_{e4} \cdot E^4) \\ + (I_{k1} \cdot k_x + I_{k2} \cdot k_x^2 + I_{k3} \cdot k_x^3 + I_{k4} \cdot k_x^4).$$

(A.12)

Die Dispersion des OFZ wird mit einem Polynom vierten Grades genähert:

$$\epsilon(k_\parallel) = E_0 + d_1 \cdot (k_x - k_{x_0}) + d_2 \cdot (k_x - k_{x_0})^2 \\ + d_3 \cdot (k_x - k_{x_0})^3 + d_4 \cdot (k_x - k_{x_0})^4,$$

(A.13)

wobei die Abweichungen zur Parabelform minimal sind. Werden bei der Anpassung alle Parameter frei variierbar gelassen, konvergiert die Fitroutine zwar, es ergeben sich jedoch unrealistisch kleine Werte für die Energie- und k-Auflösung und dementsprechend zu große für $\Im m\Sigma$. Die Energieauflösung ist durch die in Abschnitt 2.2.2 beschriebenen Kalibrierungsmessungen jedoch bekannt. Die k-Auflösung wird durch eine Linienbreitenanalyse eines MDCs bei E_F abgeschätzt, da hier der Linienbreitenanteil von $\Im m\Sigma_{e\text{-}e}$ und $\Im m\Sigma_{e\text{-}ph}$ verschwindet, und damit nur noch die Elektron-Defekt-Streuung sowie die k-Auflösung zur Linienbreite beitragen. Für die verwendeten Analysatoreinstellungen sind $\Delta E = 8\,\text{meV}$ und $\Delta k = 0.0165\,\text{Å}^{-1}$ gute Parameter, die für die Anpassung fest gehalten werden.

Die Anpassung des vorgestellten Modells an die ARPES-Daten von Cu(111) zeigt eine gute Übereinstimmung mit kleinen Residuen (Daten minus Modell). In Abbildung A.2 wird das angepasste Modell mit den gemessenen Daten verglichen und die Qualität der Anpassung visualisiert. In (a) ist jener Teil des ARPES-Datensatzes gezeigt, an den das Modell angepasst wurde. Rote gestrichelte Linien zeigen die Position der MDC- bzw. EDC-Schnitte, welche oben bzw. rechts geplottet sind. Das Modell (blaue Linie) repräsentiert die gemessenen Daten (rote Kreuze) sehr gut und die Abweichung bzw.

A.1. 3D-Fit von ARPES-Daten

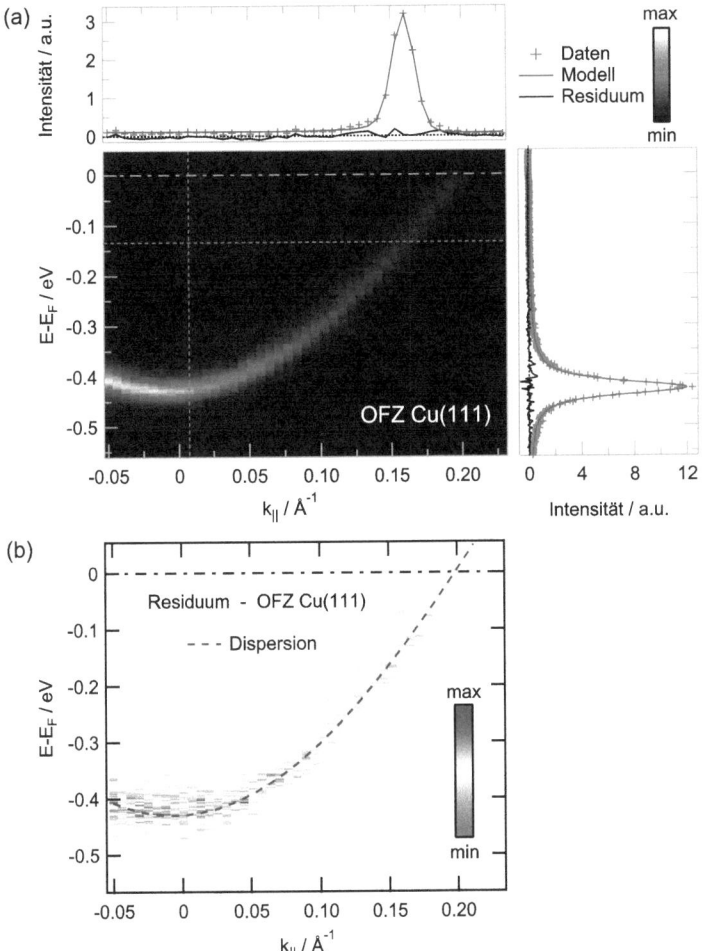

Abbildung A.2: (a) Vergleich von MDC und EDC eines an den OFZ von Cu(111) angepassten Modells mit den gemessenen Daten. Es sind sowohl die Datenpunkte (rote Kreuze), das Modell (blaue Linien) sowie das Residuum (schwarze Linie) gezeigt. Die Lage des MDCs bzw. EDCs sind im Originaldatensatz mit roten gestrichelten Linien markiert. (b) Farbcodierte Darstellung des Residuums (Daten minus Modell) des gesamten Datensatzes. Die den Fitparametern entnommene Dispersion $\epsilon(k_\parallel)$ des OFZ ist als gestrichelte Linie eingezeichnet.

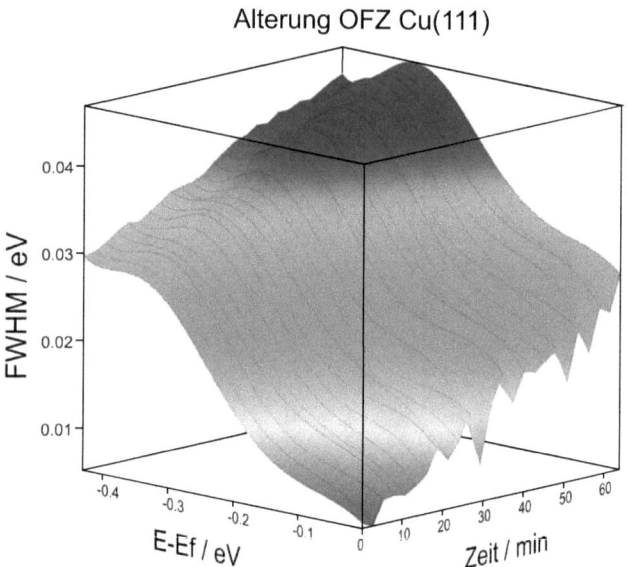

Abbildung A.3: Entwicklung der FWHM ($2\,\Im m\Sigma$) des OFZ von Cu(111) mit der Messzeit bei einer Probentemperatur von $T \approx 70\,\text{K}$. Die prinzipiell lineare Zunahme der Linienbreite mit der Zeit ist für alle Energien erkennbar. Die Steigung $\Delta\Gamma$ des linearen Verlaufs ist jedoch von der Energie abhängig und mit $\Delta\Gamma_{E_F} = 0.31\,\frac{\text{meV}}{\text{min}}$ bei E_F größer als $\Delta\Gamma_{E_0} = 0.23\,\frac{\text{meV}}{\text{min}}$ bei $E_0 = -430\,\text{meV}$.

das Residuum (schwarze Linie) ist in beiden gezeigten Fällen äußerst klein und gleichmäßig verteilt. Die farbcodierte Darstellung in (b) erlaubt eine Bewertung der Anpassung über den gesamten zweidimensionalen Wertebereich. In blauen Bereichen ist der gemessene Wert höher, in roten das Modell. Die gleichmäßige und statistische Verteilung roter und blauer Pixel sowie das Fehlen von Bereichen mit einer dominierenden Farbe signalisiert eine numerisch gute Beschreibung der Daten durch das verwendete Modell. Nach diesen Kriterien ist eine gute Anpassung gelungen.

Die aus einer Reihe entsprechender Anpassungen ermittelte Form von $\Im m\Sigma(E,t)$ in Abhängigkeit von der verstrichenen Messzeit ist in Abbildung A.3 dargestellt. Die generelle energetische Abhängigkeit zeigt einen Anstieg von $\Im m\Sigma(E)$ zu höheren Bindungsenergien und eine anschließende Abflachung

A.1. 3D-Fit von ARPES-Daten

ab ca. -0.3 eV. Mit zunehmender Messzeit, und damit Alterung der Probe, steigt $\mathfrak{Im}\Sigma(E,t)$ linear an. Dieser Anstieg scheint jedoch energieabhängig zu sein, da die Steigung $\Delta\Gamma$ mit $\Delta\Gamma_{E_F}$ = 0.31 $\frac{\text{meV}}{\text{min}}$ bei E_F größer ist als $\Delta\Gamma_{E_0}$ = 0.23 $\frac{\text{meV}}{\text{min}}$ bei E_0 = −430 meV. Ein weiteres charakteristisches Merkmal ist die mit der Zeit immer ausgeprägtere deutlich erkennbare Struktur bei $E \simeq -0.32$ eV. Der Ursprung sowie auch die tatsächliche Existenz dieser Struktur bleiben ungeklärt. Es ist jedoch wahrscheinlich, dass es sich um ein Artefakt der Anpassung aufgrund der nicht-konstanten Winkel- und damit k-Auflösung der gemessenen Daten handelt, wie im Folgenden näher ausgeführt wird.

Anpassungen eines Modells mit verschieden gewählten k-Auflösungen und der funktionellen Form von $\mathfrak{Im}\Sigma(E) = \mathfrak{Im}\Sigma_{\text{e-e}} + \mathfrak{Im}\Sigma_{\text{e-ph}} + \mathfrak{Im}\Sigma_{\text{e-i}}$ entsprechend den Gleichungen (A.2) bzw. (A.3) sind in Abbildung A.4 dargestellt. Die Debye-Energie wurde bei der Anpassung bei $\hbar\omega_{\text{D}}$ = 27 meV fest gehalten, die Kopplungskonstanten λ und α als freie Fitparameter behandelt. Wie in (a) zu sehen ist, reagiert $\mathfrak{Im}\Sigma$ empfindlich auf Änderungen von Δk. Wird Δk als freier Parameter bei der Anpassung bestimmt, ergibt sich der kleinste dargestellte Wert von $\Delta k = 0.0086\,\text{Å}^{-1}$. Die numerische Qualität der Anpassung ist dabei gut, wie das Residuum in (b) zeigt. Der Verlauf von $\mathfrak{Im}\Sigma$ ist jedoch physikalisch nicht sinnvoll, da $\mathfrak{Im}\Sigma$ mit kleiner werdenden Energien bzw. mit dem Abstand zu E_F monoton ansteigen sollte. Dieses erwartete Verhalten mit positivem α wird nur mit größer gewählter k-Auflösung erreicht. Bei den gezeigten Beispielen ist dies für $\Delta k = 0.016\,\text{Å}^{-1}$ und $0.018\,\text{Å}^{-1}$ der Fall. Mit steigendem Δk steigen auch die ermittelten Werte für λ, α und den konstanten Untergrund $\mathfrak{Im}\Sigma_{\text{e-i}}$, die Qualität der Anpassung sinkt jedoch. Dies ist in den gezeigten Residuen (b)-(f) vor allem bei größeren $|k|$-Werten offensichtlich, aber auch der χ^2-Wert steigt an. Dieses Verhalten kann dadurch erklärt werden, dass die Winkelauflösung und damit k-Auflösung des Spektrometers nicht konstant ist, sondern mit $|k|$ ansteigt, im verwendeten Modell jedoch in der Faltung als konstant angenommen wird. Somit wird bei variierbar gelassenem Δk eine k-Auflösung ermittelt, welche offensichtlich derjenigen bei $k = 0$ entspricht. Die fehlende Verbreiterung bei steigendem $|k|$ wird dagegen mit dem Verlauf von $\mathfrak{Im}\Sigma(E)$ ausgeglichen. Dadurch haben die durch die Anpassung ermittelte Form von $\mathfrak{Im}\Sigma(E)$ und somit die daraus ermittelten Kopplungsparameter der Vielteilchenwechselwirkungen keine Aussagekraft mehr. Der Elektron-Phonon-Kopplungsparameter liegt erstaunlicherweise mit den ermittelten Werten zwischen 0.119 und 0.222 trotzdem im Bereich von Literaturwerten. So wurde der Wert von λ zu 0.115 von G. Nicolay [18], 0.137 von Matzdorf *et al.* [163] und 0.14 von McDougall *et al.* [164] bestimmt. Im Vergleich zur Variation der Winkelauflösung aufgrund der

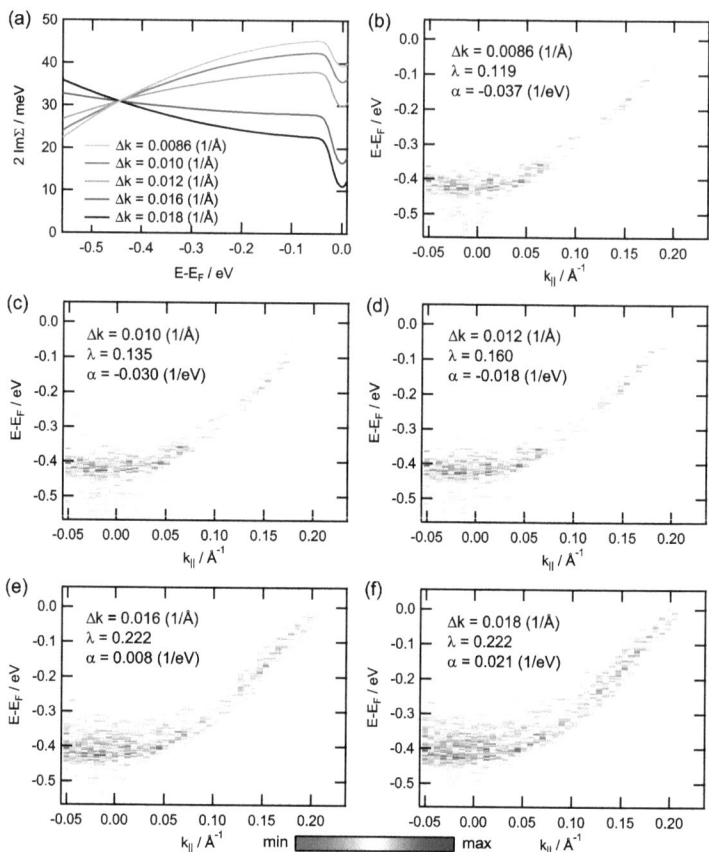

Abbildung A.4: (a) Vergleich der Form von $2\,\Im m\Sigma(E)$ aus Anpassungen mit verschiedenen k-Auflösungen Δk. Der kleinste Wert ($\Delta k = 0.0086\,\text{Å}^{-1}$) ergibt sich aus einer Anpassung mit Δk als freiem Fitparameter. Die funktionelle Form von $\Im m\Sigma(E)$ entspricht $\Im m\Sigma_{\text{e-e}} + \Im m\Sigma_{\text{e-ph}} + \Im m\Sigma_{\text{e-i}}$ nach Gleichung (A.2) bzw. (A.3). (b)-(f) zeigen farbcodierte Darstellungen der Residuen zu den Anpassungen aus (a) mit den angepassten Kopplungsparamtern für $\Im m\Sigma_{\text{e-ph}}$ (λ) und $\Im m\Sigma_{\text{e-e}}$ (α). Die Debye-Energie wurde mit $\hbar\omega_{\text{D}} = 27$ meV fest gehalten.

Abbildungseigenschaften des Spektrometers kann die Nichtlinearität bei der Umrechnung vom Winkel- in den k-Raum im hier benutzen Winkelbereich vernachlässigt werden.

Mit dem in Abbildung A.3 gezeigten Verlauf von $\Im\mathrm{m}\Sigma(E)$ kann wegen der nicht-konstanten k-Auflösung ebenfalls keine Aussage über die tatsächliche Form von $\Im\mathrm{m}\Sigma(E)$ getroffen werden. Der prinzipiell lineare Anstieg von $\Im\mathrm{m}\Sigma(E)$ mit der Zeit behält jedoch seine Gültigkeit.

A.1.4 Fazit

Die Beschreibung und Auswertung eines ARPES-Datensatzes durch die Anpassung eines vollständigen auflösungsverbreiterten Modells mit Hilfe einer Fitroutine besitzt das Potenzial, die auflösungsbereinigte Spektralfunktion und damit Informationen über Vielteilchenwechselwirkungen unverfälscht zu extrahieren. Dazu ist jedoch die genaue Kenntnis der Abbildungseigenschaften des Spektrometers, wie die Energie- und Winkelauflösung sowie eventuell vorhandene Verzerrungen des gemessenen Datensatzes, unbedingte Voraussetzung. Ist ein gemessener Datensatz verzerrungsfrei und die Energie- und Winkelauflösung über den kompletten erfassten Wertebereich konstant, können ΔE und Δk unter Umständen auch als freie Fitparameter im Laufe der Anpassung ermittelt werden. Da die Winkelauflösung des in dieser Arbeit benutzten Spektrometers nicht konstant ist, sondern mit $|k|$ ansteigt, kann keine zuverlässige Aussage über die tatsächliche Form der Spektralfunktion und damit der Selbstenergie gemacht werden. Aus diesem Grund wurde in der vorliegenden Arbeit auf diese prinzipiell elegante Form der Auswertung verzichtet.

A.2 Fe/W(110)

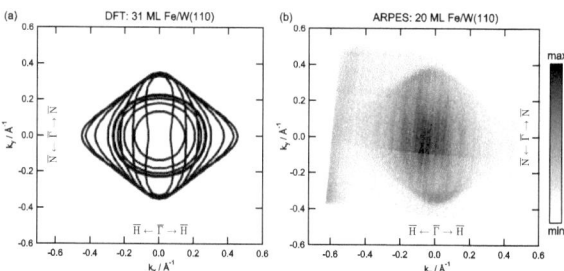

Abbildung A.5: FSM dünner Eisenschichten. (a) Mit DFT berechnete FSM der Minoritätszustände eines 31 ML dicken Fe-slabs [126]. (b) Mit ARPES gemessene FSM von 20 ML Fe/W(110).

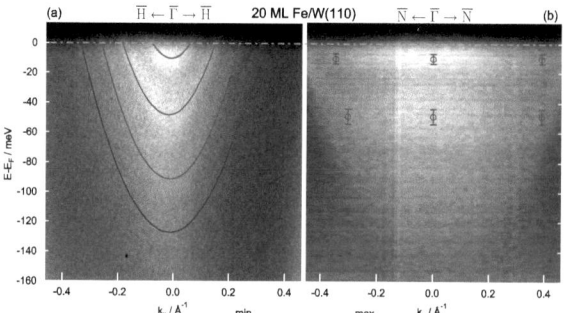

Abbildung A.6: ARPES-Daten von 20 ML Fe/W(110) in (a) $\overline{\Gamma H}$- und (b) $\overline{\Gamma N}$-Richtung.

A.3 Ni/W(110)

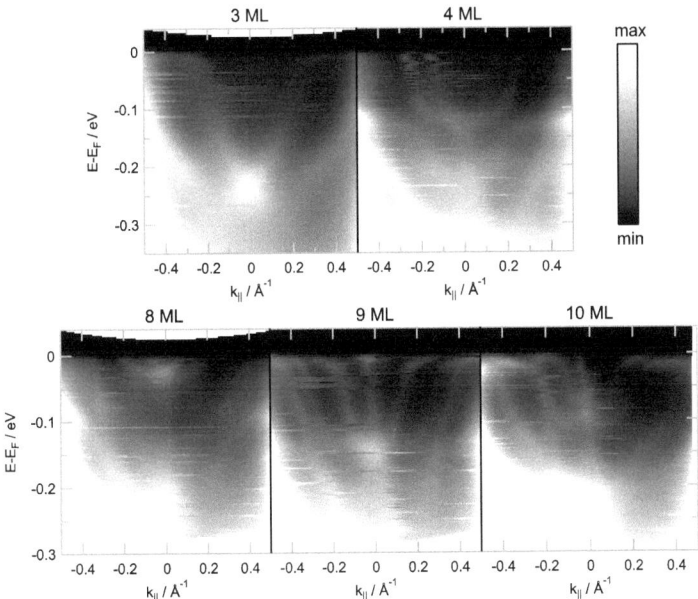

Abbildung A.7: ARPES-Datensätze (original, $h\nu$ = 21.2 eV) von verschiedenen, aufeinander folgenden Schichtdicken von Ni/W(110). Rashba-aufgespaltene QWS schieben mit zunehmender Schichtdicke Richtung E_F. Die Hybridisierung dieser Zustände mit schweren Zuständen führt zu Hybridisierungslücken wodurch der ursprüngliche Bandverlauf besonders für 4 und 9 ML nicht mehr nachvollziehbar ist.

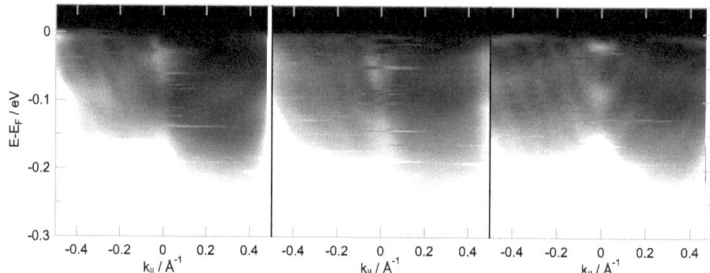

Abbildung A.8: ARPES-Datensätze (original, $h\nu = 21.2\,\text{eV}$) von 12, 14 und 21 ML Ni/W(110). Die Aufspaltung der leichten QWS wird mit zunehmender Schichtdicke kleiner, bei 21 ML ist keine Aufspaltung mehr erkennbar.

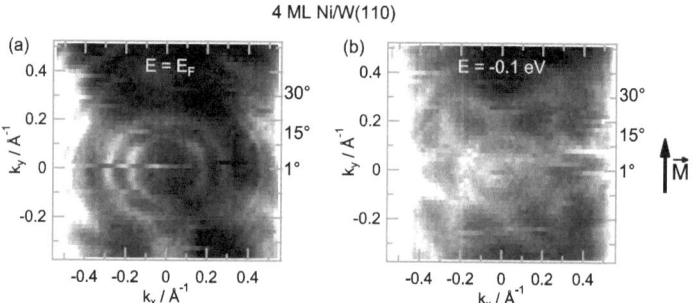

Abbildung A.9: 4 ML Ni/W(110): (a) Fermifläche $\mathcal{I}(k_x, k_y)_{E=E_F}$, (b) ESM bei -0.1 eV $\mathcal{I}(k_x, k_y)_{E=-0.1\,\text{eV}}$. Der Ni-Film ist entlang der einfachen Achse $\overline{\Gamma\text{K}} = k_y$ magnetisiert.

Literaturverzeichnis

[1] G. Binasch, P. Grünberg, F. Saurenbach, and W. Zinn. Enhanced magnetoresistance in layered magnetic structures with antiferromagnetic interlayer exchange. *Phys. Rev. B*, 39(7):4828, March 1989. 9, 70

[2] S. S. P. Parkin, N. More, and K. P. Roche. Oscillations in exchange coupling and magnetoresistance in metallic superlattice structures: Co/Ru, Co/Cr, and Fe/Cr. *Phys. Rev. Lett.*, 64(19):2304, May 1990. 9, 70

[3] S. Datta and B. Das. Electronic analog of the electro-optic modulator. *Appl. Phys. Lett.*, 56:665, 1990. 9, 89, 90

[4] H. Hertz. Über einen Einfluss des ultravioletten Lichtes auf die electrische Entladung. *Annalen der Physik und Chemie*, 367:983–1000, 1887. 13

[5] W. Hallwachs. Über den Einfluss des Lichtes auf electrostatisch geladene Körper. *Annalen der Physik und Chemie*, 269:901–312, 1888. 13

[6] A. Einstein. Über einen die Erzeugung und Verwandlung des Lichtes betreffenden heuristischen Gesichtspunkt. *Annalen der Physik*, 322:132–148, 1905. 13

[7] Stefan Hüfner. *Photoelectron Spectroscopy*. Springer-Verlag, Berlin-Heidelberg-New York, 1994. 14, 15, 18, 31

[8] W. Kuch and C. M. Schneider. Magnetic dichroism in valence band photoemission. *Rep. Prog. Phys.*, 64:147, 2001. 14

[9] Stefan Hüfner. *High-Resolution Photoemission Spectroscopy*. Springer-Verlag, Berlin-Heidelberg-New York, 2007. 14, 18

[10] S. D. Kevan. *Angle Resolved Photoemission - Theory and Current Applications*, volume 74 of *Studies in Surface Science and Catalysis*. Elsevier Science Publishers, Amsterdam-New York-Tokyo, 1992. 14

[11] B. Feuerbacher, B. Fitton, and R. S. Willis. *Photoemission and the electronic properties of surfaces*. John Wiley & Sons, Chichester-New York-Brisbane-Toronto, 1978. 14

[12] Markus Klein. *Starke Korrelationen in Festkörpern: von lokalisierten zu itineranten Elektronen*. PhD thesis, Julius-Maximilians-Universität Würzburg, 2009. 16, 18

[13] L.D. Landau. The theory of a Fermi liqiud. *Sov. Phys. JETP*, 3:920, 1957. 17

[14] Richard D. Mattuck. *A Guide to Feynman Diagrams in the Many-Body Problem*. Dover Publications, Inc., New York, 1992. 18

[15] David Pines and Philippe Nozieres. *Theory of Quantum Liquids: Normal Fermi Liquids: 1*. Addison Wesley, 1989. 18

[16] Göran Grimvall. *The Electron-Phonon Interaction in Metals*, volume XVI of *Selected Topics in Solid State Physics*. Elsevier Science Ltd., Amsterdam, New York, Oxford, 1981. 18, 75

[17] N. V. Smith, P. Thiry, and Y. Petroff. Photoemission linewidths and quasiparticle lifetimes. *Phys. Rev. B*, 47(23):15476, June 1993. 19

[18] Georg Nicolay. *Vielteilchenanregungen nahe der Fermienergie am Beispielsystem der Shockley-Oberflächenzustände*. PhD thesis, Universität des Saarlandes, 2002. 19, 31, 133

[19] E. D. Hansen, T. Miller, and T.-C. Chiang. Observation of Photoemission Line Widths Narrower than the Inverse Lifetime. *Phys. Rev. Lett.*, 80(8):1766, February 1998. 19

[20] J. Bardeen, L. N. Cooper, and J. R. Schrieffer. Theory of Superconductivity. *Phys. Rev.*, 108(5):1175, December 1957. 22

[21] F. Reinert, G. Nicolay, B. Eltner, D. Ehm, S. Schmidt, S. Hüfner, U. Probst, and E. Bucher. Observation of a BCS Spectral Function in a Conventional Superconductor by Photoelectron Spectroscopy. *Phys. Rev. Lett.*, 85(18):3930, October 2000. 22

[22] Frank Forster. *Eigenschaften und Modifikation zweidimensionaler Elektronenzustände auf Edelmetallen*. PhD thesis, Julius-Maximilians-Universität Würzburg, 2007. 25, 27

[23] R. Smoluchowski. Anisotropy of the electronic work function of metals. *Phys. Rev.*, 60(9):661, November 1941. 28

[24] Igor Tamm. Über eine mögliche Art der Elektronenbindung an Kristalloberflächen. *Physikalische Zeitschrift der Sowjetunion*, 1:732, 1932. 30

[25] Igor Tamm. Über eine mögliche Art der Elektronenbindung an Kristalloberflächen. *Zeitschrift für Physik A Hadrons and Nuclei*, 76:849, 1932. 30

[26] E. T. Goodwin. Electronic states at the surfaces of crystals. *Proc. Camb. Phil. Soc.*, 35:205, 1939. 30

[27] William Shockley. On the surface states associated with a periodic potential. *Phys. Rev.*, 56(4):317, August 1939. 31, 32

[28] Sindey G. Davison and Maria Stęślicka. *Basic Theory of Surface States*. Number 46 in Monographs on the physics and chemistry of Materials. Oxford University Press Inc., New York, 1992. 32

[29] P. M. Echenique and J. B. Pendry. Existence And Detection Of Rydberg States At Surfaces. *Journal of Physics C-Solid State Physics*, 11(10):2065–2075, 1978. 34

[30] N. V. Smith. Phase analysis of image states and surface states associated with nearly-free-electron band gaps. *Phys. Rev. B*, 32(6):3549, September 1985. 34, 35

[31] E. G. McRae and M. L. Kane. Calculations on the effect of the surface-potential barrier in LEED. *Surface Science*, 108(3):435–445, 1981. 35

[32] N. V. Smith, N. B. Brookes, Y. Chang, and P. D. Johnson. Quantum-well and tight-binding analyses of spin-polarized photoemission from Ag/Fe(001) overlayers. *Phys. Rev. B*, 49(1):332, January 1994. 35, 36

[33] A. M. Shikin, O. Rader, G. V. Prudnikova, V. K. Adamchuk, and W. Gudat. Quantum well states of sp- and d-character in thin Au overlayers on W(110). *Phys. Rev. B*, 65(7):075403, January 2002. 35, 36, 83, 85

[34] T. Miller, A. Samsavar, G. E. Franklin, and T. C. Chiang. Quantum-Well States in a Metallic System: Ag on Au(111). *Phys. Rev. Lett.*, 61(12):1404, September 1988. 36, 37, 69, 89

[35] M. A. Mueller, T. Miller, and T.-C. Chiang. Determination of the bulk band structure of Ag in Ag/Cu(111) quantum-well systems. *Phys. Rev. B*, 41(8):5214, March 1990. 36, 37

[36] Hiroyuki Sasaki, Akinori Tanaka, Shoji Suzuki, and Shigeru Sato. Comparative angle-resolved photoemission study of Ag nanometer films grown on fcc Fe(111) and bcc Fe(110). *Phys. Rev. B*, 70(11):115415, September 2004. 36

[37] M. Nagano, A. Kodama, T. Shishidou, and T. Oguchi. A first-principles study on the Rashba effect in surface systems. *J. Phys.: Condens. Matter*, 21:064239, 2009. 37, 54, 58

[38] Yu. A. Bychkov and E. I. Rashba. Properties of a 2D electron gas with lifted spectral degeneracy. *JETP Letters*, 39:78, 1984. 38

[39] S. LaShell, B. A. McDougall, and E. Jensen. Spin splitting of an Au(111) surface state band observed with angle resolved photoelectron spectroscopy. *Physical Review Letters*, 77(16):3419–3422, October 1996. 38, 49, 89

[40] F. Reinert. Spin-orbit interaction in the photoemission spectra of noble metal surface states. *Journal Of Physics-Condensed Matter*, 15(5):S693–S705, February 2003. 38, 89

[41] L. Petersen and P. Hedegård. A simple tight-binding model of spin-orbit splitting of sp-derived surface states. *Surface Science*, 459(1-2):49–56, July 2000. 38

[42] G. Bihlmayer, Yu. M. Koroteev, P. M. Echenique, E. V. Chulkov, and S. Blügel. The Rashba-effect at metallic surfaces. *Surface Science*, 600:3888, 2006. 38, 58

[43] J. Kübler. *Theory of Itinerant Electron Magnetism*. Oxford University Press Inc., New York, 2000. 40

[44] D.C. Mattis. *The theory of magnetism made simple: an introduction to physical concepts and to some useful mathematical methods.* World Scientific Publishing Co. Pte. Ltd., 2006. 41

[45] Hans Lüth. *Solid Surfaces, Interfaces and Thin Films*. Springer, Berlin, iv edition, 2001. surface states, Shockley, Tamm. 41, 42, 43

[46] N. W. Ashcroft and N. D. Mermin. *Solid State Physics*. Thomson Learning, 1976. 41

[47] M. Mehta and C. S. Fadley. Observation of d-band narrowing near copper and nickel surfaces by means of angle-resolved X-ray photoelectron spectroscopy. *Phys. Rev. B*, 20(6):2280, September 1979. 41

[48] C. Li, A. J. Freeman, and C. L. Fu. Electronic Structure and Surface Magnetism of fcc Co(001). *Journal of Magnetism and Magnetic Materials*, 75:53, 1988. 41

[49] T. Kaneyoshi. Surface magnetism; magnetization and anisotropy at a surface. *J. Phys.: Condens. Matter*, 3:4497, 1991. 41

[50] M. Aldén, S. Mirbt, H. L. Skriver, N. M. Rosengaard, and B. Johansson. Surface magnetism in iron, cobalt, and nickel. *Phys. Rev. B*, 46(10):6303, September 1992. 41, 42

[51] J. Callaway and C. S. Wang. Self-Consistent Calculation of Energy Bands in Ferromagnetic Nickel. *Phys. Rev. B*, 7(3):1096, February 1973. 42

[52] Yi Li and K. Baberschke. Dimensional crossover in ultrathin Ni(111) films on W(110). *Phys. Rev. Lett.*, 68(8):1208, February 1992. 42

[53] L. H. Thomas. The calculation of atomic fields. *Mathematical Proceedings of the Cambridge Philosophical Society*, 23(05):542–548, 1927. 43

[54] E. Fermi. Eine statistische Methode zur Bestimmung einiger Eigenschaften des Atoms und ihre Anwendung auf die Theorie des periodischen Systems der Elemente. *Zeitschrift für Physik A Hadrons and Nuclei*, 48:73–79, 1928. 43

[55] P. Hohenberg and W. Kohn. Inhomogeneous electron gas. *Phys. Rev.*, 136(3B):B864, November 1964. 43

[56] W. Kohn and L. J. Sham. Self-Consistent Equations Including Exchange and Correlation Effects. *Phys. Rev.*, 140(4A):A1133, November 1965. 44

[57] J. Korringa. On the calculation of the energy af a Bloch wave in a metal. *Physica*, 13(6-7):392–400, 1947. 47

[58] W. Kohn and N. Rostoker. Solution of the Schrödinger Equation in Periodic Lattices with an Application to Metallic Lithium. *Phys. Rev.*, 94(5):1111, June 1954. 47

[59] R. M. Martin. *Electronic Structure - Basic Theory and Practical Methods*. Cambridge University Press, 2004. Überblick Theorie - DFT - KKR usw. 47

[60] N. Papanikolaou, R. Zeller, and P. H. Dederichs. Conceptual improvements of the KKR method. *J. Phys.: Condens. Matter*, 14:2799, 2002. 47

[61] S. D. Kevan and R. H. Gaylord. High-resolution photoemission-study of the electronic-structure of the noble-metal (111) surfaces. *Physical Review B*, 36(11):5809–5818, October 1987. 49, 97, 98

[62] F. Reinert, G. Nicolay, S. Schmidt, D. Ehm, and S. Hüfner. Direct measurements of the L-gap surface states on the (111) face of noble metals by photoelectron spectroscopy. *Physical Review B*, 63(11):115415, March 2001. 49, 54, 89, 125, 126

[63] F. Reinert and G. Nicolay. Influence of the herringbone reconstruction on the surface electronic structure of Au(111). *Applied Physics A-Materials Science & Processing*, 78(6):817–821, March 2004. 49, 50, 58, 59, 125

[64] S. Å. Lindgren and L. Walldén. Photoemission of electrons at the Cu(111)/Na interface. *Solid State Communications*, 34(8):671–673, May 1980. 49, 50, 59, 63, 64

[65] L. Huang, X. G. Gong, E. Gergert, F. Forster, A. Bendounan, F. Reinert, and Z. Y. Zhang. Evolution of a symmetry gap and synergetic quantum well states in ultrathin Ag films on Au(111) substrates. *Europhysics Letters*, 78(5):57003, 2007. 49, 51, 59, 61, 69, 89

[66] F. Forster, A. Bendounan, J. Ziroff, and F. Reinert. Systematic studies on surface modifications by ARUPS on Shockley-type surface states. *Surface Science*, 600(18):3870–3874, September 2006. 49, 50, 59, 63, 64

[67] F. Forster, A. Bendounan, F. Reinert, V. G. Grigoryan, and M. Springborg. The Shockley-type surface state on Ar covered Au(111): High resolution photoemission results and the description by slab-layer DFT calculations. *Surface Science*, 601(23):5595–5604, December 2007. 49, 57, 59, 66

[68] H. Cercellier, Y. Fagot-Revurat, B. Kierren, F. Reinert, D. Popovic, and D. Malterre. Spin-orbit splitting of the Shockley state in the Ag/Au(111) interface. *Physical Review B*, 70(19):193412, November 2004. 49, 51, 59, 60, 89

[69] A. Bendounan, F. Forster, J. Ziroff, F. Schmitt, and F. Reinert. Influence of the reconstruction in Ag/Cu(111) on the surface electronic structure: Quantitative analysis of the induced band gap. *Physical Review B*, 72(7):075407, August 2005. 49, 59

[70] A. Bendounan, F. Forster, J. Ziroff, F. Schmitt, and F. Reinert. Quantitative analysis of the surface reconstruction induced band-gap in the Shockley state on monolayer systems on noble metals. *Surface Science*, 600(18):3865–3869, September 2006. 49

[71] T.-S. Choy, J. Naset, J. Chen, S. Hershfield, and C. Stanton. A database of fermi surface in virtual reality modeling language (vrml). Bulletin of The American Physical Society, 45(1):L36 42, 2000 http://www.phys.ufl.edu/fermisurface/ (March 2011). 50

[72] P. Heimann, J. Hermanson, H. Miosga, and H. Neddermeyer. Photoemission Observation Of A New Surface-State Band On Cu(110). *Surface Science*, 85(2):263–268, 1979. 50

[73] A. Gerlach, G. Meister, R. Matzdorf, and A. Goldmann. High-resolution photoemission study of the $\overline{Y}$ surface state on Ag(110). *Surface Science*, 443(3):221–226, December 1999. 50, 61

[74] P. Heimann, H. Miosga, and H. Neddermeyer. Occupied surface-state bands in sp gaps of Au(112), Au(110), and Au(100) faces. *Physical Review Letters*, 42(12):801–804, 1979. 50

[75] R. Courths, H. Wern, U. Hau, B. Cord, V. Bachelier, and S. Hüfner. Band-structure of Cu, Ag and Au - location of direct transitions on the Lambda-line using angle-resolved shotoelectron-spectroscopy (ARUPS). *Journal Of Physics F-Metal Physics*, 14(6):1559–1572, 1984. 50

[76] M. Sastry, K. C. Prince, D. Cvetko, A. Morgante, and F. Tommasini. Photoemission investigation of the reconstructed Au(110) surface. *Surface Science*, 271(1-2):179–183, May 1992. 50, 51

[77] R. Koch, M. Borbonus, O. Haase, and K.H. Rieder. Reconstruction behavior of fcc(110) transition-metal surfaces and their vicinals. *Applied Physics A-Materials Science & Processing*, 55(5):417–429, November 1992. 50

[78] A. Nduwimana, X. G. Gong, and X. Q. Wang. Relative stability of missing-row reconstructed (110) surfaces of noble metals. *Applied Surface Science*, 219(1-2):129–135, October 2003. 50

[79] K. M. Ho and K. P. Bohnen. Stability of the missing-row reconstruction on fcc (110) transition-metal surfaces. *Physical Review Letters*, 59(16):1833–1836, October 1987. 50, 51

[80] C. Hofner and J. W. Rabalais. Deconstruction of the Au110-(1x2) surface. *Physical Review B*, 58(15):9990–9997, October 1998. 50, 51

[81] A. Nuber, M. Higashiguchi, F. Forster, P. Blaha, K. Shimada, and F. Reinert. Influence of reconstruction on the surface state of Au(110). *Phys. Rev. B*, 78(19):195412, November 2008. 51

[82] A. Nuber, J. Braun, F. Forster, J. Minár, F. Reinert, and H. Ebert. Surface versus bulk contributions to the Rashba splitting in surface systems. *Phys. Rev. B*, 83(16):165401, April 2011. 51

[83] M. Higashiguchi. *Quantitative evaluation of the bulk and surface electronic states of transition-metal single crystals by angle-resolved photoemission spectroscopy with synchrotron radiation*. PhD thesis, Hiroshima University, 2008. 51

[84] G. Nicolay, F. Reinert, F. Forster, D. Ehm, S. Schmidt, B. Eltner, and S. Hufner. About the stability of noble-metal surfaces during VUV-photoemission experiments. *Surface Science*, 543(1-3):47–56, October 2003. 54

[85] A. Y. Lozovoi and A. Alavi. Reconstruction of charged surfaces: General trends and a case study of Pt(110) and Au(110). *Physical Review B*, 68(24):245416, December 2003. 54

[86] S. H. Liu, C. Hinnen, C. N. V. Huong, N. R. Detacconi, and K. M. Ho. Surface-state effects on the electroreflectance spectroscopy of Au

single-crystal surfaces. *Journal Of Electroanalytical Chemistry*, 176(1-2):325–338, 1984. 54, 57

[87] C. H. Xu, K. M. Ho, and K. P. Bohnen. Self-consistent calculation of the surface electronic-structure of the (1x2) reconstructed au(110) surface. *Physical Review B*, 39(9):5599–5604, March 1989. 54, 58, 63

[88] F. Schiller, J. Cordón, D. Vyalikh, A. Rubio, and J. E. Ortega. Fermi Gap Stabilization of an Incommensurate Two-Dimensional Superstructure. *Phys. Rev. Lett.*, 94(1):016103, January 2005. 59

[89] Frank Forster, Azzedine Bendounan, Johannes Ziroff, and Friedrich Reinert. Importance of surface states on the adsorption properties of noble metal surfaces. *Phys. Rev. B*, 78(16):161408, October 2008. 59, 60

[90] L. Barbier, B. Salanon, J. Sprosser, and J. Lapujoulade. Growth and ordering dynamics for Au deposition on Au(110)(2x1). *Surface Science*, 287:930–934, May 1993. 61

[91] R. A. Bartynski and T. Gustafsson. Experimental-study of surface-states on the (110) faces of the noble-metals. *Physical Review B*, 33(10):6588–6598, May 1986. 63

[92] Norbert Memmel. Monitoring and modifying properties of metal surfaces by electronic surface states. *Surface Science Reports*, 32(3-4):91–163, 1998. 64

[93] R. D. Diehl and R. McGrath. Current progress in understanding alkali metal adsorption on metal surfaces. *J. Phys.: Condens. Matter*, 9:951, 1997. 64

[94] C. J. Fall, N. Binggeli, and A. Baldereschi. Work-function anisotropy in noble metals: Contributions from d states and effects of the surface atomic structure. *Phys. Rev. B*, 61:8489, 2000. 64

[95] P. Straube, F. Pforte, T. Michalke, K. Berge, A. Gerlach, and A. Goldmann. Photoemission study of the surface state at Y on Cu(110): Band structure, electron dynamics, and surface optical properties. *Physical Review B*, 61(20):14072–14077, May 2000. 65

[96] J. Hayoz, T. Pillo, D. Naumovic, P. Aebi, and L. Schlapbach. Growth of Au on Ag(110): electronic structure by photoemission. *Surface Science*, 435:104–108, August 1999. 65

[97] T.-C. Chiang. Photoemission studies of quantum well states in thin films. *Surface Science Reports*, 39:181–235, 2000. 69, 89

[98] N. B. Brookes, Y. Chang, and P. D. Johnson. Magnetic interface states and finite-size effects. *Phys. Rev. Lett.*, 67(3):354, July 1991. 70

[99] J. E. Ortega and F. J. Himpsel. Quantum well states as mediators of magnetic coupling in superlattices. *Phys. Rev. Lett.*, 69(5):844, August 1992. 70

[100] J. E. Ortega, F. J. Himpsel, G. J. Mankey, and R. F. Willis. Quantum-well states and magnetic coupling between ferromagnets through a noble-metal layer. *Phys. Rev. B*, 47(3):1540, January 1993. 70

[101] K. Garrison, Y. Chang, and P. D. Johnson. Spin polarization of quantum well states in copper thin films deposited on a Co(001) substrate. *Phys. Rev. Lett.*, 71(17):2801, October 1993. 70

[102] C. Carbone, E. Vescovo, O. Rader, W. Gudat, and W. Eberhardt. Exchange split quantum well states of a noble metal film on a magnetic substrate. *Phys. Rev. Lett.*, 71(17):2805, October 1993. 70

[103] M. N. Baibich, J. M. Broto, A. Fert, F. Nguyen Van Dau, F. Petroff, P. Etienne, G. Creuzet, A. Friederich, and J. Chazelas. Giant Magnetoresistance of (001)Fe/(001)Cr Magnetic Superlattices. *Phys. Rev. Lett.*, 61(21):2472, November 1988. 70

[104] Yoshishige Suzuki, Toshikazu Katayama, Sadafumi Yoshida, Kazunobu Tanaka, and Katsuaki Sato. New magneto-optical transition in ultrathin Fe(100) films. *Phys. Rev. Lett.*, 68(22):3355, June 1992. 70

[105] P. van Gelderen, S. Crampin, Th. Rasing, and J. E. Inglesfield. Effect of interface magnetic moments and quantum-well states on magnetization-induced second-harmonic generation. *Phys. Rev. B*, 54(4):R2343, July 1996. 70

[106] Q. Y. Jin, H. Regensburger, R. Vollmer, and J. Kirschner. Periodic Oscillations of the Surface Magnetization during the Growth of Co Films on Cu(001). *Phys. Rev. Lett.*, 80(18):4056, May 1998. 70

[107] W. Weber, D. A. Wesner, G. Güntherodt, and U. Linke. Direct observation of spin-split electronic states of Pd at the Pd(111)/Fe(110) interface. *Phys. Rev. Lett.*, 66(7):942, February 1991. 70

Literaturverzeichnis 149

[108] W. Weber, D. A. Wesner, D. Hartmann, and G. Güntherodt. Spin-polarized interface states at the Pd(111)/Fe(110), Pd(111)/Co(0001), and Pt(111)/Co(0001) interfaces. *Phys. Rev. B*, 46(10):6199, September 1992. 70

[109] D. Hartmann, W. Weber, A. Rampe, S. Popovic, and G. Güntherodt. d-like quantum-well states in (111)-oriented metallic overlayers on Fe and Co. *Phys. Rev. B*, 48(22):16837, December 1993. 70

[110] J. Barnasacute and Y. Bruynseraede. Correlation between quantum-size effects in the giant magnetoresistance and interlayer coupling in magnetic multilayers. *Phys. Rev. B*, 53(6):R2956, February 1996. 70

[111] J. Barnasacute and Y. Bruynseraede. Electronic transport in ultrathin magnetic multilayers. *Phys. Rev. B*, 53(9):5449, March 1996. 70

[112] P. Zahn, J. Binder, I. Mertig, R. Zeller, and P. H. Dederichs. Origin of Giant Magnetoresistance: Bulk or Interface Scattering. *Phys. Rev. Lett.*, 80(19):4309, May 1998. 70

[113] S. Mirbt, B. Johansson, and H. L. Skriver. Quantum-well-driven magnetism in thin films. *Phys. Rev. B*, 53(20):R13310, May 1996. 70

[114] R. Kurzawa, K. P. Kamper, W. Schmitt, and G. Guntherodt. Spin-resolved photoemission-study of insitu grown epitaxial Fe layers on W(110). *Solid State Communications*, 60(10):777–780, 1986. 70

[115] J. Bansmann, M. Getzlaff, Ch. Ostertag, and G. Schoenhense. Magnetic circular and linear dichroism in VUV-photoemission from thin iron films on W(110). *Surface Science*, 352-354:898–901, 1996. 70

[116] Focus Omicron, Idsteinerstr 78 D-65232 Taunusstein Germany. *Instruction Manual UHV Evaporator EFM 3/4 Triple Evaporator EFM3T*, version 2.2 edition, February 1999. 71

[117] O Fruchart, P.O. Jubert, M. Eleoui, F. Cheynis, B. Borca, P. David, V. Santonacci, A. Liénard, M. Hasegawa, and C. Meyer. Growth modes of Fe(110) revisited: a contribution of self-assembly to magnetic materials. *J. Phys.: Condens. Matter*, 19:053001, 2007. 71

[118] H. J. Elmers, G. Liu, and U. Gradmann. Magnetometry of the ferromagnetic monolayer Fe(110) on W(110) coated with Ag. *Phys. Rev. Letters*, 63(5):566–569, 1989. 72

[119] A. Jablonsky. *NIST Electron Effective-Attenuation-Length Database*, volume 82. National Institute of Standards and Technology, 1.0 edition, June 2001. 73, 93

[120] B.A. McDougall, T. Balasubramanian, and E. Jensen. Phonon contribution to quasiparticle lifetimes in Cu measured by angle-resolved photoemission. *Physical Review B*, 51:13891, 1995. 75

[121] M. Hengsberger, R. Frésard, D. Purdie, P. Segovia, and Y. Baer. Electron-phonon coupling in photoemission spectra. *Phys. Rev. B*, 60(15):10796, October 1999. 75

[122] Charles Kittel. *Einführung in die Festkörperphysik*. Oldenbourg Wissenschaftsverlag, 2005. 77

[123] Y. Darici, J. Marcano, and H. Min. LEED measurements of one monolayer of iron epitaxially grown on Cu(111). *Surface Science*, 195:566–578, 1988. 77, 78

[124] X. Y. Cui, K. Shimada, Y. Sakisaka, H. Kato, M. Hoesch, T. Oguchi, Y. Aiura, H. Namatame, and M. Taniguchi. Evaluation of the coupling parameters of many-body interactions in Fe(110). *Phys. Rev. B*, 82(19):195132, November 2010. 78

[125] M. Higashiguchi, K. Shimada, K. Nishiura, X. Cui, H. Namatame, and M. Taniguchi. Energy band and spin-dependent many-body interactions in ferromagnetic Ni(110): A high-resolution angle-resolved photoemission study. *Phys. Rev. B*, 72(21):214438, December 2005. 78, 113

[126] J. Schäfer, M. Hoinkis, Eli Rotenberg, P. Blaha, and R. Claessen. Spin-polarized standing waves at an electronically matched interface detected by Fermi-surface photoemission. *Phys. Rev. B*, 75:092401, 2007. 78, 81, 136

[127] J. Schäfer, D. Schrupp, Eli Rotenberg, K. Rossnagel, H. Koh, P. Blaha, and R. Claessen. Electronic Quasiparticle Renormalization on the Spin Wave Energy Scale. *Phys. Rev. Lett.*, 92(9):097205, March 2004. 78

[128] J.J. Olivero and R.L. Longbothum. Empirical fits to the Voigt line width: A brief review. *J. Quant. Spectrosc. Radiat. Transfer*, 17:12, 1977. 78

[129] A. Mugarza, A. Mascaraque, V. Pérez-Dieste, V. Repain, S. Rousset, F.J. García de Abajo, and J.E. Ortega. Electron confinement in surface states on a stepped gold surface revealed by angle-resolved photoemission. *Physical Review Letters*, 87:107601, 2001. 81

[130] J. Schäfer, C. Blumenstein, S. Meyer, M. Wisniewski, and R. Claessen. New Model System for a One-Dimensional Electron Liquid: Self-Organized Atomic Gold Chains on Ge(001). *Phys. Rev. Lett.*, 101(23):236802, December 2008. 81

[131] P. Giannozzi, S. Baroni, N. Bonini, M. Calandra, R. Car, C. Cavazzoni, D. Ceresoli, G. L. Chiarotti, M. Cococcioni, I. Dabo, A. Dal Corso, S. de Gironcoli, S. Fabris, G. Fratesi, R. Gebauer, U. Gerstmann, C. Gougoussis, A. Kokalj, M. Lazzeri, L. Martin-Samos, N. Marzari, F. Mauri, R. Mazzarello, S. Paolini, A. Pasquarello, L. Paulatto, C. Sbraccia, S. Scandolo, G. Sclauzero, A. P. Seitsonen, A. Smogunov, P. Umari, and R. M. Wentzcovitch. QUANTUM ESPRESSO: a modular and open-source software project for quantum simulations of materials. *Journal Of Physics-Condensed Matter*, 21(39):395502, September 2009. 83

[132] Die in dieser Arbeit gezeigten Berechnungen mit "Quantum ESPRESSO"wurden in unserer Arbeitsgruppe von Dr. Mattia Mulazzi durchgeführt. 83

[133] G. Chiaia, S. De Rossi, L. Mazzolari, and F. Ciccacci. Thin Fe films grown on Ag(100) studied by angle- and spin-resolved inverse-photoemission spectroscopy. *Phys. Rev. B*, 48(15):11298, October 1993. 83, 84

[134] H. Glatzel, R. Schneider, T. Fauster, and V. Dose. Unoccupied electronic states of epitaxial iron layers on Cu(100). *Z. Phys. B - Condensed Matter*, 88:53, 1992. 83, 84

[135] R. Fischer, N. Fischer, S. Schuppler, Th. Fauster, and F. J. Himpsel. Image states on Co(0001) and Fe(110) probed by two-photon photoemission. *Phys. Rev. B*, 46(15):9691, October 1992. 85

[136] A. Varykhalov, A. M. Shikin, W. Gudat, P. Moras, C. Grazioli, C. Carbone, and O. Rader. Probing the ground state electronic structure of a correlated electron system by quantum well states: Ag/Ni(111). *Phys. Rev. Lett.*, 95(24):247601, December 2005. 85

[137] Eli Rotenberg, J. W. Chung, and S. D. Kevan. Spin-orbit coupling induced surface band splitting in Li/W(110) and Li/Mo(110). *Phys. Rev. Lett.*, 82(20):4066, May 1999. 89

[138] T. Hirahara, K. Miyamoto, I. Matsuda, T. Kadono, A. Kimura, T. Nagao, G. Bihlmayer, E. V. Chulkov, S. Qiao, K. Shimada, H. Namatame, M. Taniguchi, and S. Hasegawa. Direct observation of spin splitting in bismuth surface states. *Phys. Rev. B*, 76(15):153305, October 2007. 89

[139] A. M. Shikin, A. Varykhalov, G. V. Prudnikova, D. Usachov, V. K. Adamchuk, Y. Yamada, J. D. Riley, and O. Rader. Origin of spin-orbit splitting for monolayers of Au and Ag on W(110) and Mo(110). *Phys. Rev. Lett.*, 100(5):057601, February 2008. 89

[140] A. G. Rybkin, A. M. Shikin, V. K. Adamchuk, D. Marchenko, C. Biswas, A. Varykhalov, and O. Rader. Large spin-orbit splitting in light quantum films: Al/W(110). *Phys. Rev. B*, 82(23):233403, December 2010. 89

[141] J. C. Egues, G. Burkard, and D. Loss. Datta–Das transistor with enhanced spin control. *Appl. Phys. Lett.*, 82:2658, 2003. 90

[142] O. Krupin, G. Bihlmayer, K. Starke, S. Gorovikov, J. E. Prieto, K. Döbrich, S. Blügel, and G. Kaindl. Rashba effect at magnetic metal surfaces. *Phys. Rev. B*, 71(20):201403, May 2005. 90, 113

[143] S. D. Ganichev, V. V. Bel'kov, L. E. Golub, E. L. Ivchenko, Petra Schneider, S. Giglberger, J. Eroms, J. De Boeck, G. Borghs, W. Wegscheider, D. Weiss, and W. Prettl. Experimental separation of Rashba and Dresselhaus spin splittings in semiconductor quantum wells. *Phys. Rev. Lett.*, 92(25):256601, June 2004. 91

[144] R. Winkler. Spin orientation and spin precession in inversion-asymmetric quasi-two-dimensional electron systems. *Phys. Rev. B*, 69(4):045317, January 2004. 91

[145] T. E. Jones, T. C. Q. Noakes, P. Bailey, and C. J. Baddeley. The growth of ultrathin Au films on Ni(111): A study with medium energy ion scattering. *Surface Science*, 600(10):2129–2137, May 2006. 92, 98

[146] J. Jacobsen, L. P. Nielsen, F. Besenbacher, I. Stensgaard, E. Laegsgaard, T. Rasmussen, K. W. Jacobsen, and J. K. Norskov. Atomic-scale determination of misfit dislocation loops at metal-metal interfaces. *Physical Review Letters*, 75(3):489–492, July 1995. 93

[147] R. Courths, H. G. Zimmer, A. Goldmann, and H. Saalfeld. Electronic structure of gold: An angle-resolved photoemission study along the Lambda line. *Phys. Rev. B*, 34(6):3577–, September 1986. 93, 94

[148] H.-G. Zimmer, A. Goldmann, and R. Courths. Surface-atom valence-band photoemission from Au(111) and Au(100)-(5 × 20). *Surf. Sci.*, 176:115–124, 1986. 93, 94

[149] J. Braun and Ebert H. Minár. J. Munich SPRKKR band structure program package, Dept. Chemie, Physikalische Chemie, Universität München, Butenandtstr. 5-13, D-81377,München, Germany. 95, 96

[150] T. C. Hsieh and T. C. Chiang. Spatial dependence and binding-bnergy shift of surface-states for epitaxial overlayers of Au on Ag(111) and Ag on Au(111). *Surface Science*, 166(2-3):554–560, February 1986. 97, 98

[151] K. Baberschke. The magnetism of nickel monolayers. *Appl. Phys. A*, 62:417, 1996. 100

[152] Yu. S. Dedkov, M. Fonin, U. Rüdiger, and C. Laubschat. Rashba effect in the Graphene/Ni(111) system. *Phys. Rev. Lett.*, 100(10):107602, March 2008. 100, 106

[153] K.-P. Kämper, W. Schmitt, G. Güntherodt, and H. Kuhlenbeck. Thickness dependence of the electronic structure of ultrathin, epitaxial Ni(111)/W(110) layers. *Phys. Rev. B*, 38(14):9451–, November 1988. 103, 113, 115

[154] D. Sander, C. Schmidthals, A. Enders, and J. Kirschner. Stress and structure of Ni monolayers on W(110): The importance of lattice mismatch. *Phys. Rev. B*, 57:1406–1409, 1998. 103

[155] K. P. Kämper, W. Schmitt, D. A. Wesner, and G. Güntherodt. Thickness dependence of the spin-resolved and angle-resolved photoemission of ultrathin, epitaxial Ni(111)/W(110) layers. *Applied Physics A-Materials Science & Processing*, 49(6):573–578, December 1989. 106, 113, 115

[156] R. Ovsyannikov. *Static and dynamic electronic structure of ferromagnetic Ni metal and Co_2FeSi Heusler alloy studied by photoemission spectroscopy*. PhD thesis, Fakultät II - Mathematik und Naturwissenschaften der Technischen Universität Berlin, 2009. 110, 112

[157] Y. Z. Wu, C. Won, J. Wu, Y. Xu, S. Wang, Ke Xia, E. Rotenberg, and Z. Q. Qiu. Effect of inserting Ni and Co layers on the quantum well states of a thin Cu film grown on Co/Cu(001). *Phys. Rev. B*, 80(20):205426, November 2009. 113

[158] A. Varykhalov, J. Sánchez-Barriga, A. M. Shikin, W. Gudat, W. Eberhardt, and O. Rader. Quantum Cavity for Spin due to Spin-Orbit Interaction at a Metal Boundary. *Phys. Rev. Lett.*, 101(25):256601, 2008. 113, 115, 116, 118

[159] H. Cercellier, C. Didiot, Y. Fagot-Revurat, B. Kierren, L. Moreau, D. Malterre, and F. Reinert. Interplay between structural, chemical, and spectroscopic properties of Ag/Au(111) epitaxial ultrathin films: A way to tune the Rashba coupling. *Phys. Rev. B*, 73(19):195413, May 2006. 115, 116

[160] B. Gubanka, M. Donath, and F. Passek. Magnetically split sp-derived states in fcc-like Fe/Cu(001). *Phys. Rev. B*, 54(16):R11153, October 1996. 116

[161] V. Renken, D. H. Yu, and M. Donath. Quantum-well states and spin polarization in thin Ni films on Cu(001). *Surface Science*, 601(24):5770–5774, December 2007. 116

[162] A. Eiguren, B. Hellsing, F. Reinert, G. Nicolay, E. V. Chulkov, V. M. Silkin, S. Hüfner, and P. M. Echenique. Role of bulk and surface phonons in the decay of metal surface states. *Physical Review Letters*, 88(6):066805, February 2002. 125

[163] R. Matzdorf, G. Meister, and A. Goldmann. Phonon contributions to photohole linewidths observed for surface states on copper. *Phys. Rev. B*, 54(20):14807, November 1996. 133

[164] B. A. McDougall, T. Balasubramanian, and E. Jensen. Phonon contribution to quasiparticle lifetimes in Cu measured by angle-resolved photoemission. *Phys. Rev. B*, 51(19):13891, May 1995. 133

Publikationsliste

- **A. Nuber**, M. Higashiguchi, F. Forster, P. Blaha, K. Shimada, F. Reinert: *Influence of reconstruction on the surface state of Au(110)*, Phys. Rev. B, **78**, 195412 (2008).

- M. Klein, **A. Nuber**, F. Reinert, J. Kroha, O. Stockert, H. von Löhneysen: *Signature of quantum criticality in photoemission spectroscopy*, Phys. Rev. Lett., **101**, 266404 (2008).

- A. F. Santander-Syro, M. Klein, F. L. Boariu, **A. Nuber**, P. Lejay, F. Reinert: *Fermi-surface instability at the 'hidden-order' transition of URu_2Si_2*, Nat. Phys., **5**, 637 (2009).

- J. Kroha, M. Klein, **A. Nuber**, F. Reinert, O. Stockert, H. van Löhneysen: *High-temperature signatures of quantum criticality in heavy-fermion systems*, J. Phys. Cond. Mat., **22**, 164203 (2010).

- F. L. Boariu, **A. Nuber**, A. F. Santander-Syro, M. Klein, F. Forster, P. Lejay, F. Reinert: *The surface state of URu_2Si_2*, J. Electron. Spectrosc. Relat. Phenom. **181**, 82 (2010).

- **A. Nuber**, J. Braun, F. Forster, J. Minár, F. Reinert, H. Ebert: *Surface vs. Bulk contributions to the Rashba-splitting in Surface Systems*, Phys. Rev. B. **83**, 165401 (2011).

- M. Klein, **A. Nuber**, H. Schwab, C. Albers, N. Tobita, M. Higashiguchi, J. Jiang, S. Fukuda, K. Tanaka, K. Shimada, M. Mulazzi, F.F. Assaad, and F. Reinert: *Coherent Heavy Quasiparticles in a $CePt_5$ Surface Alloy*, Phys. Rev. Lett., **106**, 186407 (2011)

- F. Forster, E. Gergert, **A. Nuber**, H. Bentmann, Li Huang, X. G. Gong, Z. Zhang, F. Reinert: *Electronic localization of quantum well states in metallic heterostructures on the example of $Ag/Au(111)$*, Phys. Rev. B, **84**, 075412 (2011).

i want morebooks!

Buy your books fast and straightforward online - at one of world's fastest growing online book stores! Environmentally sound due to Print-on-Demand technologies.

Buy your books online at
www.get-morebooks.com

Kaufen Sie Ihre Bücher schnell und unkompliziert online – auf einer der am schnellsten wachsenden Buchhandelsplattformen weltweit! Dank Print-On-Demand umwelt- und ressourcenschonend produziert.

Bücher schneller online kaufen
www.morebooks.de

VDM Verlagsservicegesellschaft mbH
Heinrich-Böcking-Str. 6-8
D - 66121 Saarbrücken

Telefon: +49 681 3720 174
Telefax: +49 681 3720 1749

info@vdm-vsg.de
www.vdm-vsg.de

Printed by Books on Demand GmbH, Norderstedt / Germany